安徽省淮河河道管理局水利工程标准化管理丛书

堤防标准化管理

杨 冰 主编

黄河水利出版社

·郑州·

图书在版编目(CIP)数据

堤防标准化管理/杨冰主编. —郑州:黄河水利
出版社,2022.9
(安徽省淮河河道管理局水利工程标准化管理丛书)
ISBN 978-7-5509-3386-6

Ⅰ.①堤…　Ⅱ.①杨…　Ⅲ.①堤防-水利工程管理
Ⅳ.①TV871.2

中国版本图书馆 CIP 数据核字(2022)第 170835 号

组稿编辑:王志宽　电话:0371-66024331　　E-mail:wangzhikuan83@126.com

出 版 社:黄河水利出版社　　　　　　　　　　网址:www.yrcp.com
　　　　　地址:河南省郑州市顺河路黄委会综合楼 14 层　　邮政编码:450003
发行单位:黄河水利出版社
　　　　　发行部电话:0371-66026940、66020550、66028024、66022620(传真)
　　　　　E-mail:hhslcbs@126.com
承印单位:河南匠之心印刷有限公司
开本:787 mm×1 092 mm　1/16
印张:8
字数:157 千字
版次:2022 年 9 月第 1 版　　　　　　　印次:2022 年 9 月第 1 次印刷

定价:65.00 元

《堤防标准化管理》
编写组

主　　编　杨　冰

副主编　陈乃辉　张春林　程　诚

编写人员　刘　灿　黄志亮　吴连社　薛东升

　　　　　　梁小刚　李江龙　余　胜　江付平

　　　　　　余　杰　孙义超

前　言

近年来,水利部部分流域机构和相关省份均积极探索水利工程标准化管理,在加强顶层设计、分类指导实施、完善标准体系、强化绩效考评等方面形成一批可借鉴的水利工程标准化管理有效做法和好经验。目前,水利行业已制定印发了大量工程运行管理相关的法规标准、规程规范等,涉及水利工程管理工作的各个方面。2022年3月,水利部正式印发《关于推进水利工程标准化管理的指导意见》,为加快推行水利工程标准化管理提供了总体目标和思路。

为推行水利工程标准化管理,更好地指导安徽省淮河河道管理局水利工程标准化管理,探索符合水利现代化建设要求的工程管理模式,使标准化管理真正落实落地,促进基层管理能力和管理水平进一步提高,安徽省淮河河道管理局组织编写了"安徽省淮河河道管理局水利工程标准化管理丛书",将现有水利管理法规按照不同的工程类型进行全面系统的查漏补缺,并根据实际应用情况进行必要的删繁就简、去粗取精,研究制定适应安徽省淮河流域经济社会发展形势和发展阶段的统一标准,涵盖水利工程运行管理的全过程、各环节。本丛书共分为《水闸标准化管理》、《堤防标准化管理》2个分册。

《堤防标准化管理》共分为六章,分别为概述、管理任务、管理制度、管理标准、管理流程、信息化建设。系统阐述了堤防工程标准化管理的工作方法和要求,可作为本系统基层水利管理单位的参考用书。

在本书编写过程中,得到了水利部淮河水利委员会建设与运行管理处、安徽省水利厅运行管理处、安徽省长江河道管理局、安徽省怀洪新河河道管理局等单位和部门的大力支持,在此一并表示感谢!

由于编者水平有限、时间仓促,书中难免存在不妥之处,敬请读者批评指正。

作　者

2022 年 8 月

目　录

第一章　概　述

第一节　基本情况

一、单位概况

安徽省淮河河道管理局(原名安徽省淮河修防局,1991年更名,以下简称省淮河局)成立于1961年10月,为安徽省水利厅的派出机构,正处级建制。其职责任务为:负责安徽省境内淮河干流河道(含颍河茨河铺以下、涡河西阳集以下河段,下同)的统一管理;负责安徽省淮河干流重要堤防、水闸等水利工程的日常管理、调度运用和防汛、维修养护;负责安徽省淮河干流河道及岸线、河口等的管理;依法对淮河干流河道采砂管理进行监督检查;负责授权的安徽省境内淮河河道上的水行政管理。

省淮河局下辖颍东、颍上、凤台、潘集、蒙城、怀远、五河、明光等8个淮河河道管理局,王家坝闸、曹台闸、阜阳闸、颍上闸、东湖闸、东淝闸、窑河闸、蚌埠闸、蒙城闸等9个水闸管理处和测绘院、防汛机动抢险大队共19个直属管理单位。承担沿淮6市(阜阳、亳州、六安、淮南、蚌埠和滁州)14个县(区)700余km堤防、670 km河道、18座大中型水闸和71座小型涵闸等重要防洪工程的管理任务。

二、工程概况

省淮河局直接管理堤防长706.779 km,其中包括579.065 km的淮北大堤(淮河左堤长215.008 km、颍河左堤长104.089 km、涡河左堤长107.827 km、涡河右堤长112.3 km、西淝河左堤长39.841 km)、4.22 km的怀远县城防堤、2 km的窑河封闭堤、40.5 km的茨淮新河左堤、75.594 km的茨淮新河右堤和5.4 km的城东湖蓄洪大堤。

1991年大水后,国务院部署了19项治淮骨干工程建设任务,2003年淮河再次发生大水后,国务院加快了治淮建设步伐,先后实施了淮北大堤除险加固、沙颍河与涡河等支流治理、水闸除险加固和更新改造等一系列治淮工程,淮河骨干堤防除险加固基本完成,形成了较为完整的防灾减灾工程体系,淮河中下游主要防洪保护区和重要城市防洪标准从不足50年一遇提高到100年一遇。

三、工程管理情况

近年来,省淮河局坚持以习近平新时代中国特色社会主义思想为指导,全面贯彻落实水利部、安徽省水利厅党组治水兴水管水决策部署,不断提高政治站位、转变管理理念、健全体制机制,形成了一套比较完善的省级水利工程管理制度体系和技术标准体系,2013年主持编制了安徽水利行业标准《堤防工程技术管理规范》(DB 34/T 1927—2013),2020年对该标准进行了修订,成为安徽省堤防工程技术管理的重要依据。

省淮河局局直各水管单位按照法律法规、规范性文件和技术标准的要求,结合各工程的实际情况,制定了堤防工程技术管理实施细则和各项规章制度,明确各岗位职责,落实技术管理和安全运行各项责任;省淮河局每年定期开展平时检查和专项检查,督促各单位严格执行各项制度的执行,不定期组织开展堤防工程检查观测、养护修理、安全管理、目标考核等专题培训,常态化开展河道修防工、河道管理所长技能竞赛,不断提高基层水管单位堤防管理的业务能力和水平。2021年底,省淮河局直管堤防工程全部通过省级水利工程标准化管理考核评价。

在堤防工程管理工作中注重实用技术的攻关和研究,研究推广狗牙根的草茎建植草皮护坡技术,用于堤防水土保持,取得显著的技术经济效益;堤顶防汛道路可调式限宽、限高设施获发明或实用新型专利,并在全省推广运用;建成安徽省淮河河道管理信息化系统,重要河道堤防工程实现远程监视,穿堤水(涵)闸自动化和信息化水平显著提高。

第二节　标准化管理

水利工程标准化管理是一种管理工作方法,最终目的是要求严格落实水利工程管理主体责任,执行水利工程运行管理制度和标准,充分利用信息平台和管理工具,规范管理行为,提高管理能力,保障水利工程运行安全,保证工程效益充分发挥。

一、指导思想

以习近平新时代中国特色社会主义思想为指导,深入贯彻落实"节水优先、空间均衡、系统治理、两手发力"的治水思路,坚持人民至上、生命至上,统筹发展和安全,立足新发展阶段、贯彻新发展理念、构建新发展格局,推动高质量发展,强化水利体制机制法治管理,推进工程管理信息化、智慧化,构建推动水利高质量发展的工程运行标准化管理体系,因地制宜,循序渐进推动水利工程标准化管理,保障水利工程运行安全,保证工程效益充分发挥。

二、工作目标

按照水利部、安徽省水利厅有关标准化管理的要求,进一步强化省淮河局直管堤防工程安全管理,消除重大安全隐患,落实管理责任,完善管理制度,提升管理能力,建立健全运行管理长效机制,全面实现标准化管理,建成一批堤防工程标准化管理的示范工程。

三、工作要求

从堤防工程状况、安全管理、运行管护、管理保障和信息化建设等方面,实现水利工程全过程标准化管理。

(一)工程状况

工程现状达到设计标准,无安全隐患;主要建筑物和配套设施运行状态正常,运行参数满足现行规范要求;金属结构与机电设备运行正常、安全可靠;监测监控设施设置合理、完好有效,满足掌握工程安全状况需要;工程外观完好,管理范围环境整洁,标识标牌规范醒目。

(二)安全管理

工程按规定注册登记,信息完善准确、更新及时;按规定开展安全鉴定,及时落实处理措施;工程管理与保护范围划定并公告,重要边界界桩齐全明显,无违章建筑和危害工程安全活动;安全管理责任制落实,岗位职责分工明确;防汛组织体系健全,应急预案完善可行,防汛物料管理规范,工程安全度汛措施落实。

(三)运行管护

工程巡视检查、监测监控、操作运用、养护修理和生物防治等管护工作制度齐全、行为规范、记录完整,关键制度、操作规程上墙明示;及时排查、治理工程隐患,实行台账闭环管理;调度运用规程和方案(计划)按程序报批并严格遵照实施。

(四)管理保障

管理体制顺畅,工程产权明晰,管理主体责任落实;人员经费、养护修理经费落实到位,使用管理规范;岗位设置合理,人员职责明确且具备履职能力;规章制度满足管理需要并不断完善,内容完整、要求明确、执行严格;办公场所设施设备完善,档案资料管理有序;精神文明和水文化建设同步推进。

(五)信息化建设

建立工程管理信息化平台,工程基础信息、监测监控信息、管理信息等数据完整、更新及时,与各级平台实现信息融合共享、互联互通;整合接入雨水情、安全监测监控等工程信息,实现在线监管和自动化控制,应用智能巡查设备,提升险情自动识别、评估、预警能力;网络安全与数据保护制度健全,防护措施完善。

四、推进措施

(一)精心组织

按照水利部《关于推进水利工程标准化管理的指导意见》和安徽省水利厅有关要求,制订标准化管理实施计划和方案,落实工作责任,加强队伍建设,加大经费保障,加快智慧水利建设,全力推进堤防工程标准化管理。

(二)巩固提升

按照标准化管理评价要求,坚持补短板、强弱项,不断夯实运行安全管理基础,及时总结标准化管理成效,注重学习借鉴其他单位的先进管理经验和做法,促进堤防工程管理水平的提高。

(三)永续发展

立足自身,持续改进,促进管理体系不断完善、管理技术不断升级、管理能力不断增强、管理质效不断提升,以标准化管理促进精细化、现代化管理。

第二章 管理任务

第一节 一般要求

堤防工程是防洪的屏障,堤防的安全直接关系着保护区内千百万人民群众的生命财产的安全和经济建设,堤防线长面广,易受到自然和人为活动的影响及损坏。《中华人民共和国水法》《中华人民共和国防洪法》《中华人民共和国河道管理条例》《安徽省水工程管理和保护条例》等一些水法规,对堤防的管理与保护都做了相应的规定。堤防管理单位应贯彻执行有关法律、法规、标准和制度,做好堤防管护工作,保证堤防断面达标、结构稳定、附属设施完好、管理设施齐全。

堤防标准化管理要求从堤防工程状况、安全管理、运行管护、管理保障和信息化建设等方面,实现全过程标准化管理。管理单位必须制订、分解年度工作计划,明确各阶段的重点工作任务;对相对固定的工作任务,按年、月、周、日等时间段进行细分,形成工作任务清单,明确工作项目、时间节点、主要内容、责任对象,内容应具体详细;要将每项工作落实到岗到人,及时进行跟踪检查,发现问题偏差及时纠正、处理,确保各项工作任务按计划落实到位。

堤防工程管理任务按照工作性质,可分为检查观测、养护修理、安全管理、技术档案管理、制度管理、教育培训等。堤防工程管理任务如图 2-1 所示。

第二节 任务清单

一、检查观测

(一)工程检查

堤防工程检查分为经常检查、定期检查、特别检查和不定期检查。

堤防工程检查的范围包括工程管理范围和保护范围,堤防工程管理单位按检查内容和频次逐项进行,形成检查成果资料,按时存档,发现问题要及时处理,形成闭合的台账,重要问题要及时上报。具体任务清单见表 2-1。

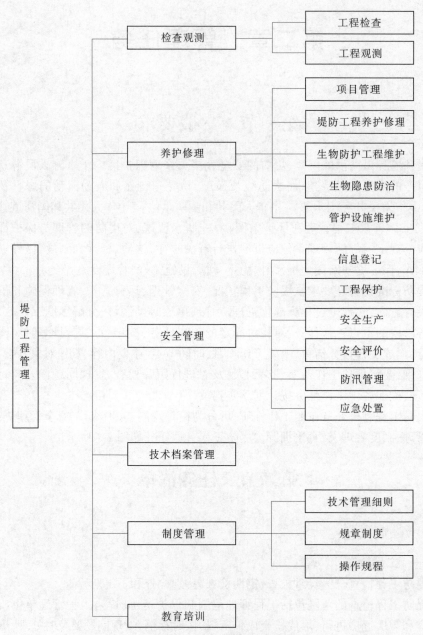

图 2-1　堤防工程管理任务

表 2-1　工程检查任务清单

任务名称	分项任务	工作内容	时间及频次	责任岗位
工程检查	经常检查　日巡查	工程设施、防护林等总体状况有无明显异常,管理范围内有无违章活动	每日不少于 1 次	堤防管理人员
	周检查	堤顶、堤坡、护坡、防汛道路、护堤地和穿堤、跨堤建筑物及其与堤防接合部,防渗及排水设施,堤防工程附属设施,生物防护工程等	每周不少于 1 次	单位负责人、技术人员、堤防管理人员
	月复查、季督查	对水管单位上报的问题进行复核、督查,督促问题整改落实	主管单位视情况开展	
	定期检查　汛前检查	全面检查工程设施完好情况,度汛准备情况、存在问题及处理措施,防汛组织和防汛责任制、"开口子"工程进度及度汛措施,抢险预案的落实情况,除险加固及养护修理等工程完成情况,防汛物料准备情况,通信、交通设施运行情况	每年 3 月底前完成	单位负责人、技术人员、堤防管理人员
		接受上级汛前专项检查,按要求整改提高,及时向上级主管部门反馈	每年 4 月底前完成	
	汛后检查	重点检查工程变化及水毁情况,核查汛情记录及险情记录	每年 10 月底前完成	
	特别检查　事后检查	检查堤防工程及附属设施的损坏和防汛物料及设备动用情况	发生大洪水、大暴雨、台风、地震等非正常运用情况和发生重大事故时	单位技术负责人、技术人员、堤防管理人员
	不定期检查	根据工作需要,对险工险段及重要堤段进行堤身、堤基探测检查或护岸探查	适时	单位技术负责人、技术人员、堤防管理人员

(二) 工程观测

堤防工程观测包括堤身断面观测、沉降观测、水位观测、堤身浸润线观测、裂缝观测、近岸河床冲淤变化观测、减压排渗工程的渗控效果观测等。堤防工程管理单位应根据工程安全和运行管理需要开展,并对观测成果资料进行分析,发现异常情况应及时分析原因并采取措施。观测及资料整编成果经主管部门审定且按年度汇编备查,具体任务清单见表 2-2。

表 2-2　工程观测任务清单

任务名称	分项任务	工作内容	时间及频次	责任岗位
工程观测	编制观测任务书	明确观测项目、观测时间与测次、观测方法与精度、观测成果与要求等,报上级主管部门批准	新建工程移交或工程发生变化时	单位技术负责人
	仪器校验	对水准仪、全站仪、测深仪等进行校验	每年 1 次	技术人员
	堤身断面观测	观测堤顶高程、宽度、内外坡比	堤身防护工程较为完整的堤段,3~5 年观测 1 次,堤身防护较差或无堤身防护的堤段,应适当增加观测次数	技术人员
	沉降观测	水准测量、工作基点考证	堤防建成初期,应每半年观测 1 次;基本稳定后,宜每年汛后观测 1 次;建成时间较长且已稳定的堤防,宜每 3 年观测 1 次。地质和工程运行状况比较复杂的堤防应适当增加观测次数	技术人员
	水位观测	观测堤防水位	一般采用水文系统的水位测站观测资料,当管理范围无水位测站时,可根据需要设置水位观测点进行水位观测。堤防挡水时,每日 8 时观测 1 次;超过警戒水位或水位变化急剧时期,增加观测次数,满足防汛需要	技术人员
	堤身浸润线观测	测压管水位观测	堤防达到设防水位后开始观测,超过警戒水位后,应每日观测 1 次。并同步观测堤防两侧地表水位	技术人员
		测压管管口高程考证	每年 1 次	技术人员
		测压管灵敏度试验	每 5 年开展 1 次	技术人员
		编制水位统计表、过程线	每年年末	技术人员
	裂缝观测	观测裂缝深度、缝宽、走向及裂缝分布情况;观测后应做好记录,绘制裂缝分布状况图	堤防出现裂缝时开始观测,根据裂缝发展情况确定观测频次	技术人员
	近岸河床冲淤变化观测	河道近岸局部冲刷、凸岸淤积断面观测,绘制河道断面图	淮河干流河道测量 3 年一个周期,涡河及颍河河道测量 5 年一个周期;重要险工险段每年观测不少于 1 次	技术人员
	减压排渗工程的渗控效果观测	减压井(沟)内水位和出水量变化	堤防达到设防水位后开始观测,一般每日观测 1 次,特殊情况增加观测次数	技术人员
	观测成果分析汇编	组织整编,形成分析报告,报上级主管部门审定。成果按年度汇编成册	每年年末	单位技术负责人、技术人员

二、养护修理

(一)项目管理

项目管理任务清单见表2-3。

表2-3 项目管理任务清单

任务名称	分项任务	工作内容	时间及频次	责任岗位
项目管理	项目计划编报	日常养护项目,按照养护内容、频次编制养护计划;专项工程维修或加固,依据相关定额、规范编报实施方案	堤防草皮养护项目根据年度养护计划开展;专项工程项目根据合同工期要求开展	单位负责人、技术人员
	实施准备	自行组织单位人员实施,或按规定选择施工队伍和物资采购		
	项目实施	对项目实施的进度、质量、安全、经费、档案资料进行管理		
	项目验收	项目完工后,及时组织项目完工结算、验收		
	绩效评价	开展项目绩效评价自评,接受上级部门组织的审计、评价		

(二)堤防工程养护修理

堤防工程养护修理,是指对已建的堤防工程及其附属设施经常进行维修保养,及时修复表面损毁和内部缺陷,保持堤防的完整、安全和正常运用。

堤防工程管理单位,应制订年度维修养护工作计划,明确维修养护项目、工作内容、工程量、进度安排、质量安全要求、经费预算等方案,采用服务外包和自行实施相结合的方式,开展工程维修养护,形成养护修理工作记录。堤防工程养护修理任务清单见表2-4。

(三)生物防护工程维护

生物防护工程的管理,应因地制宜,选择适应性强的品种,加强病虫害监测、防治;坚持日常养护,保障生物防护功能。生物防护工程维护任务清单见表2-5。

(四)生物隐患防治

生物隐患防治应遵循保证安全、保护环境、因地制宜、综合治理的原则,堤防管理单位定期开展检(普)查和调查,掌握白蚁、獾、鼠、蛇等的活动规律(时间、地点、环境、食物类型、繁殖环境等)。

防治工作应明确专人负责,每年应编制年度防治计划,做好普查、防治和隐患处理。生物隐患防治任务清单见表2-6。

表 2-4　堤防工程养护修理任务清单

任务名称	分项任务	工作内容	时间及频次	责任岗位
堤防工程养护修理	堤身修理	表面裂缝和内部孔洞修理	局部、表面、轻微的缺陷检查发现后，能处理的立即处理；限于经费、时间、技术等因素一时难以处理的，应编制维修方案，争取经费养护修理	技术人员
	堤顶养护修理	堤顶、堤肩、上下堤道口养护修理		技术人员
	堤坡养护修理	土质堤坡、砌石护坡、混凝土预制块护坡、现浇混凝土护坡、生态护坡养护修理		技术人员
	护堤地养护修理	护堤地地面、边界、标志、排水沟等养护修理		技术人员
	铺盖、盖重养护修理	地面、排水设施等养护修理		技术人员
	防渗、排水设施养护修理	黏土斜墙及土工合成材料防渗体、排水导渗体或滤体、排水沟、减压井养护修理		技术人员
	防洪(浪)墙养护修理	墙体及伸缩缝养护修理		技术人员
	穿、跨堤建筑物养护修理	穿、跨堤建筑物，穿、跨堤建筑物与堤防接合部养护修理		技术人员

表 2-5　生物防护工程维护任务清单

任务名称	分项任务	工作内容	时间及频次	责任岗位
生物防护工程维护	林木养护	浇水、施肥、扶正、修枝、补植	根据养护计划确定	堤防管理人员
	草皮养护	定期除杂控高，补植或更新	根据养护计划确定	堤防管理人员
	病虫害防治	生物防治、化学防治、联防联治	病虫害爆发前	堤防管理人员
	防灾减灾	防火、防风、防雪，灾后处置	灾害发生前后	堤防管理人员
	林木更新	编制更新采伐计划，经批复后采伐	冬春季节	单位技术负责人、技术人员

表 2-6 生物隐患防治任务清单

任务名称	分项任务	工作内容	时间及频次	责任岗位
生物隐患防治	动物隐患防治	獾、狐、鼠危害普查及防治	每年冬天和汛前进行	技术人员
	白蚁危害防治	普查、预防	每年4—6月和9—10月高峰期每月检查不少于1次	技术人员
		灭杀	发现时	技术人员
	植物隐患防治	清除	发现时	技术人员

(五) 管护设施维护

管护设施应位置适宜、结构完整。发现损坏与丢失,应及时修复或补设。各种设备、工器具,应按其操作规程正确使用,定期检查和维护,发现故障应及时排除。管护设施维护任务清单见表2-7。

表 2-7 管护设施维护任务清单

任务名称	分项任务	工作内容	时间及频次	责任岗位
管护设施维护	观测设施管理	观测设施修复更新、校测	全年;损坏时维修	技术人员
	机电设备管理	配电柜、柴油发电机、照明系统、电缆等养护、维修和电气预防性试验	全年;每年汛前试验	技术人员
	计算机监控系统管理	监控系统回放检查、监控日志	每周	技术人员
		监控设施软件系统全面维护	每半年	
	通信设施管理	防雷和接地保护维护	每年雨季前	技术人员
		检查维护	每周	
	管理用房、生产与生活设施管理	管理房维修改造、环境卫生、分区管理、绿化维护等	按养护计划	技术人员
	堤顶防汛道路及限行设施维护	路面损毁定期维修,路面限宽、限高设施维护	全年	技术人员
	防汛抢险设施及防汛物料管理	车辆、机械设备管理,防汛物料仓储管理和现场管理	按养护计划	技术人员
	标志标牌维护管理	编制设置方案、制作安装、维护更新	全年	技术人员

三、安全管理

安全管理任务分为信息登记、工程保护、安全生产、安全评价、防汛管理、应急处置等。

(一)信息登记

堤防工程管理单位应按照水利部要求,在"堤防水闸基础信息数据库"中填报相关信息,并根据单位实际情况,及时更新基础信息。信息登记任务清单见表2-8。

表 2-8　信息登记任务清单

任务名称	分项任务	工作内容	时间及频次	责任岗位
信息登记	堤防信息登记	按照要求及时开展堤防信息登记	适时	单位负责人、技术人员
	堤防信息更新	及时对信息内容进行更新	适时(动态)	单位负责人、技术人员

(二)工程保护

堤防工程管理单位应根据国家法律法规、技术标准,开展水法规宣传,划定堤防工程管理范围、保护范围,进行划界确权,设置界桩(沟)等明显标志;对堤防管理范围内的水事活动进行监督检查,对涉河建设项目进行监督管理,对违章问题进行依法依规分类处置,维护正常的工程管理秩序。工程保护任务清单见表2-9。

表 2-9　工程保护任务清单

任务名称	分项任务	工作内容	时间	责任岗位
工程保护	水法规宣传	水法规宣传,编制水法规宣传年度计划及工作总结	全年	单位负责人、技术人员
	划界确权	按照规定划定工程管理与保护范围,管理范围设有界桩和公告牌	—	单位负责人、技术人员
	水事活动巡查	依法依规开展工程管理范围和保护范围巡查,发现水事违法行为立即制止,并做好调查取证、及时上报、配合查处工作	全年	单位负责人、技术人员
	安全管理标牌	堤防上下堤道口处、堤顶防汛道路限行设施前后、水闸上下游设立安全警示标志,具有通航功能的水闸,设置助航标志;水闸公路桥两端设立限载、限速标志;对各类标牌及时维护	全年	技术人员

续表 2-9

任务名称	分项任务	工作内容	时间	责任岗位
工程保护	涉河建设项目管理	依法对涉河建设项目开展巡查，做好现场监督管理工作，清楚项目建设进展情况，填写涉河建设项目监管相关报表，督促建设单位办理专项验收手续；发现涉河违法违规行为及时制止，督促建设单位整改落实	项目实施及运行阶段	单位负责人、河道管理人员
	违章管理	排查管理范围内违法违章问题，摸清底数，清楚违章问题的种类、规模、位置、设障单位等情况，按照依法依规、实事求是、分类处置的原则，提出清障计划和实施方案，并督促问题整改	全年	单位负责人、河道管理人员

(三)安全生产

堤防管理单位应参照水管单位安全生产标准化建设的相关要求，结合管理单位实际情况，明确每个项目的具体内容、实施的时间、实施的频次以及相关的工作要求和成果等。安全生产任务清单见表 2-10。

表 2-10　安全生产任务清单

任务名称	分项任务	工作内容	时间及频次	责任岗位
安全生产	目标职责	制定安全生产总目标(3~5 年)、分解年度安全生产目标	每年初	单位负责人、技术人员
		全员签订安全生产责任状		
		制订安全生产费用使用计划		
		成立安全生产领导小组，根据人员变化及时调整，定期召开领导小组会议		
		制订年度安全文化建设计划，并开展安全文化活动	按年度计划	
	制度化管理	识别、获取、发放相关法律法规，及时修订规章制度	一季度	技术人员
	教育培训	制订安全教育培训计划	全年	技术人员
		人员教育培训、相关方及外来人员安全教育		

续表 2-10

任务名称	分项任务	工作内容	时间及频次	责任岗位
安全生产	现场管理	定期开展安全生产检查	每月	单位负责人、安全生产管理人员
		特种设备按规定建立技术档案	按规定时间	技术人员
		做好特种设备、电气设备的检验检测		
		做好设施设备检查维护及现场作业安全管理	及时	技术人员
		配备职业健康保护设施、工具和用品,并规范使用	适时	单位负责人
		设置相应的警示标志	适时	技术人员
	安全风险管控及隐患排查治理	安全风险辨识与控制	适时(动态)	单位负责人、技术人员
		安全风险评估	每季度1次	
		对重大危险源制定安全管理技术措施、应急预案,建立台账并上报	适时(动态)	
		隐患排查、治理,定期上报排查信息	及时	单位负责人、技术人员
		对风险进行分析、预测,及时预警		
	应急管理	定期开展应急演练	每年不少于1次	单位负责人
		发生突发事件时,根据预案要求,启动应急响应程序	及时	
		评估应急准备和应急处置	年底或汛前	
	事故报告	发生事故时,及时报告、处置	及时	单位负责人、技术人员
		定期通过信息系统上报	月底	
	持续改进	全面评价安全标准化管理体系运行情况,进行绩效评定	每年12月	单位负责人、技术人员
		根据评定结果,进行整改	全年	

注:安全管理涉及的规章制度、操作规程修订完善,教育培训、工程设施管理,作业行为管理,预案修订、演练,防汛物资储备等分项任务参照相关任务清单。

(四)安全评价

堤防工程管理单位根据堤防工程安全评价导则的要求,适时组织开展堤防安全评价。安全评价任务清单见表2-11。

表2-11　安全评价任务清单

任务名称	分项任务	工作内容	时间及频次	责任岗位
安全评价	编制计划	编制堤防安全评价计划,报上级主管部门审定	根据堤防的级别、类型、历史和保护区经济社会发展状况,定期进行安全评价;出现较大洪水、发现严重隐患的堤防应及时进行安全评价	单位技术负责人
	现场调查	基础资料收集、运行管理评价、工程质量评价		技术人员
	复核计算	防洪标准复核、渗流安全性复核、结构安全性复核		技术人员
	综合评价	堤防工程安全综合评价		单位技术负责人
	成果审定	组织召开审查会议,形成安全评价报告书		单位负责人
	成果应用	根据安全评价结论,开展除险加固、工程维修	评价后	单位负责人

(五) 防汛管理

堤防工程管理单位应按照"安全第一、常备不懈、预防为主、全力抢险"的方针,加强防汛组织、汛前准备、汛期管理等水旱灾害防御工作,保障堤防安全度汛,充分发挥设计的功能。防汛管理任务清单见表2-12。

表2-12　防汛管理任务清单

任务名称	分项任务	工作内容	时间及频次	责任岗位
防汛管理	防汛组织	建立防汛责任制和防汛办事机构;落实管理单位水旱灾害防御专业队伍;建立防汛信息沟通联络机制	每年3—4月	单位负责人、技术人员
	汛前准备	开展汛前检查;编制防汛应急预案和险工险段抢险预案;准备防汛各种基础资料、图表;落实防汛通信措施;汛前难以完成的除险加固、涉河建设项目等,编制安全度汛方案,报主管部门审核备案;配备防汛器材、物料和抢险工具、设备;按规定开展防汛仓库及物料管理	每年3—4月	单位负责人、技术人员
	汛期管理	关注水雨情;按规定巡堤查险,发现并报告险情	河道水位超过设防水位时开展巡堤查险,超警戒水位时加密检查频次	单位负责人、技术人员
		执行防汛值班和领导带班制度	每日	

(六) 应急处置

堤防工程管理单位负责汛期日常巡查和警戒水位以下时的堤防防守工作,充分发挥水利专业机动抢险队的作用,做到日常巡查和应急处置相结合。险情发生后,应准确判断险情类别、性质,做到抢早抢小,把险情控制在萌芽状态。应急处置任务清单见表 2-13。

表 2-13　应急处置任务清单

序号	任务名称	工作内容	时间及频次	责任岗位
1	散浸险情	按"临水截渗、背水导渗"的原则制订应急处置方案,并组织落实	应急情况发生时	单位负责人、技术人员
2	管涌险情	按"导水抑沙"的原则制订应急处置方案,并组织落实	应急情况发生时	单位负责人、技术人员
3	漏洞险情	按"临水截堵、背水滤导"的原则制订应急处置方案,并组织落实	应急情况发生时	单位负责人、技术人员
4	跌窝险情	按"抓紧翻筑抢修、防止险情扩大"的原则制订应急处置方案,并组织落实	应急情况发生时	单位负责人、技术人员
5	风浪险情	按"削浪抗冲"的原则制订应急处置方案,并组织落实	应急情况发生时	单位负责人、技术人员
6	滑坡险情	按"减载加阻"的原则制订应急处置方案,并组织落实	应急情况发生时	单位负责人、技术人员
7	裂缝险情	按"判明原因,先急后缓"的原则制订应急处置方案,并组织落实	应急情况发生时	单位负责人、技术人员
8	穿堤建筑物与堤防接合部渗水险情	穿堤水(涵)闸发生损坏时,及时关闭闸门,停止过水,有条件的应立即抢筑闸前围堰;发生渗水时,参照渗水应急处置	应急情况发生时	单位负责人、技术人员
9	建筑物滑动险情	按"增加摩擦力、减小滑动力"的原则制订应急处置方案,并组织落实	应急情况发生时	单位负责人、技术人员
10	闸门门顶漫溢险情	宜将焊接的平面钢架吊入门槽内,放置在闸门顶部,然后在钢架前部的闸门顶部堆放土袋,或利用闸前工作桥,在胸墙顶部堆放土袋,迎水面压放土工膜布或篷布挡水	应急情况发生时	单位负责人、技术人员
11	闸门破坏险情	按"封堵洞口、截断流水"的原则制订应急处置方案,并组织落实	应急情况发生时	单位负责人、技术人员

续表 2-13

序号	任务名称	工作内容	时间及频次	责任岗位
12	穿堤建筑物基础管涌或漏洞险情	按"上游截堵、下游导渗和蓄水平压,减小水位差"的原则制订应急处置方案,并组织落实	应急情况发生时	单位负责人、技术人员
13	建筑物消能防冲工程破坏险情	建筑物消能防冲工程破坏险情,宜采用抛投块石、石笼等方法抢修	应急情况发生时	单位负责人、技术人员
14	防洪墙倾覆险情	防洪墙出现向背水侧倾覆险情时,应及时在防洪墙背水侧用土和砂袋加戗处理	应急情况发生时	单位负责人、技术人员
15	坍塌险情	按"护脚固基、缓流挑流"的原则制订应急处置方案,组织落实	应急情况发生时	单位负责人、技术人员
16	漫溢险情	按"水涨堤高"的原则,在堤顶抢筑子堤	应急情况发生时	单位负责人、技术人员

四、技术档案管理

堤防管理单位应建立技术档案管理制度,按照有关规定建立完整的技术档案,及时整理归档各类技术资料,档案设施齐全、清洁、完好,积极开展档案管理测评工作。技术档案管理任务分为档案收集、整理,档案归档,档案保管、借阅、销毁、移送,档案室设施管理、档案数字化等。技术档案管理任务清单见表 2-14。

表 2-14　技术档案管理任务清单

任务名称	分项任务	工作内容	时间及频次	责任岗位
技术档案管理	档案收集、整理	检查观测、维修养护、穿堤水(涵)闸控制运用、技术图表等资料,音像资料同步收集、整理	同期收集、整理	技术人员
	档案归档	对当年的工程技术资料档案进行收集、整理、分类、装订、编号、归档、保存	年底	
	档案保管、借阅、销毁、移送	按照档案管理制度要求进行	适时	
	档案室设施管理	档案库房配备防盗、防光、防潮等设施,配备温、湿度计和空调,做好库房内温、湿度和借阅等记录	全年	
	档案数字化	档案录入及管理	全年	

五、制度管理

堤防工程管理单位应根据堤防设计文件、管理相关规定、河道巡查办法及工程实际,及时建立堤防工程技术管理细则、规章制度和操作规程等,主要包括岗位职责、控制运用、检查观测、维修养护、安全生产、防汛管理、档案管理等。制度管理任务清单见表2-15。

表 2-15　制度管理任务清单

任务名称	分项任务	工作内容	时间	责任岗位
技术管理细则	编制细则	根据设计文件及相关管理规定,编制技术管理细则	工程接管后	单位负责人、技术人员
	审批印发	报上级主管部门审批、印发	编制完成后	
	修订完善	工程管理条件变化后及时组织修订、完善、报批	管理条件发生变化后	
规章制度	制定印发	根据堤防管理任务和岗位的需要,制定相关制度	根据需要	单位负责人、技术人员
	修订完善	根据制度执行评价情况和管理条件变化情况,对有关制度进行修订、完善	一般在汛前完成	
操作规程	引用或编制	根据运行条件及设备操作说明编制操作规程	汛前或设备更新时	技术人员
	执行修订	严格执行操作规程,工程管理条件变化应及时组织修订完善	条件变化	

六、教育培训

堤防工程管理单位应制订年度教育培训计划,开展在岗人员专业技术和业务技能的学习与培训,每年对教育培训效果进行评估和总结。教育培训任务清单见表2-16。

表 2-16　教育培训任务清单

任务名称	分项任务	工作内容	时间及频次	责任岗位
教育培训	制订计划	制订印发年度培训计划	1月	单位负责人
	开展教育培训	开展河道修防工、电工、安全生产、防汛抢险、穿堤水(涵)闸运行管理以及新技术、新知识等培训	按计划	技术人员
	培训效果评估	对培训效果进行评估、总结,形成培训台账资料	培训后	技术人员

第三章　管理制度

构建推动水利高质量发展的工程运行标准化管理体系,需要建立健全刚性的制度体系。堤防工程管理制度一般包括技术管理细则、规章制度和操作规程等,内容和深度应满足工程管理需要,可操作性强。堤防工程管理单位要加强制度学习与执行,对制度执行的效果应进行评估、总结,当工程状况或管理要求发生变化时应及时修订完善。

第一节　技术管理细则

堤防工程技术管理细则是制度和职责的具体文本,堤防工程管理单位应结合实际情况对堤防工程技术管理规范做详细的解释和补充。技术管理细则主要包括总则、工程概况、穿堤水(涵)闸控制运用、工程检查、工程观测、养护修理、安全管理、技术档案管理、其他工作等。

一、总则

总则主要明确细则制定的依据、工程管理的任务与职责、应遵守的水利工程管理考核与维修养护等方面的相关规定、应建立的各项管理制度和规程等。

二、工程概况

工程概况应包括堤防工程级别、地理位置、建设经过及完工时间、规模及工程设计技术参数、水文气象条件及地形地质参数、工程管理范围及保护范围、建设加固改造情况以及历史特征值、功能作用及发挥的社会生态效益等。

三、穿堤水(涵)闸控制运用

穿堤水(涵)闸控制运用包括一般要求、控制运用要求、闸门操作运用等。

(1)一般要求主要规定调度指令下达的部门及执行纪律、指令执行与上报、水闸操作运行记录留存等。

(2)控制运用要求主要规定根据设计和实际情况,工程控制运行管理应满足的要求以及控制运用的基本程序等。

(3)闸门操作运用主要规定闸门启闭前的准备、人员配备、操作要求、台账记录等管理要求,对本工程闸门操作的重要环节、注意事项要重点说明。

四、工程检查

工程检查包括一般要求、经常检查、定期检查、特别检查和不定期检查。

(1)一般要求主要包括堤防工程检查的范围、检查分类和次数、检查的内容、检查中发现的一般问题的处理方法、检查中发现的严重问题的处理方法。

(2)经常检查主要规定经常检查的分类、检查的频次、检查的内容,应符合的要求等。

(3)定期检查主要规定汛前、汛后检查内容的侧重点、检查的要求、存在问题的处理及应急措施等。

(4)特别检查主要规定在发生大洪水、大暴雨、台风、地震等非正常运用情况和发生重大事故后,对堤防工程及附属设施出现的损毁情况排查,存在问题处理及建议等。

(5)不定期检查主要规定检查方式、检查侧重点、对发现问题的处理、修复方案和计划编报等。

五、工程观测

工程观测包括一般要求、观测项目、观测要求、观测资料整编与成果分析。

(1)一般要求包括本工程观测的主要任务、观测人员要求、观测工作执行的标准等。

(2)观测项目一般开展断面观测、垂直位移观测、堤身浸润线观测、近岸河床冲淤变化观测,其他观测项目按照有关要求开展。

(3)观测要求主要明确观测设施布置、观测方法、观测时间、观测频次、测量精度、观测记录等应满足的要求。

(4)观测资料整编与成果分析主要明确观测资料整编的时间、观测分析报告编制与审查、观测记录及成果原件的归档要求等。

六、养护修理

养护修理包括一般要求、工程养护、工程维修、生物防护工程维护、生物隐患防治、管护设施维护管理、维修项目管理等内容。

(1)一般要求主要规定本工程的养护维修内容、养护维修的分类、养护维修应达到的要求等。

(2)工程养护主要规定堤身、护岸、堤顶道路、穿跨堤建筑物及其与堤防接合部养护等工作内容、时间频次及应达到的要求。

(3)工程维修主要规定堤身、护岸、堤顶道路、穿跨堤建筑物及其与堤防接合部维修等工作内容、时间频次及应达到的要求。

（4）生物防护工程维护主要规定草皮养护、林木养护、病虫害防治、防灾减灾、林木采伐等工作内容、时间频次及应达到的要求。

（5）生物隐患防治主要规定动物隐患危害防治、白蚁危害防治、植物隐患防治等工作内容、时间频次及应达到的要求。

（6）管护设施维护管理主要规定观测设施管理、机电设备管理、计算机监控系统管理、通信设施管理、管理用房、生产与生活设施管理、防汛抢险设施及防汛物料管理、标志标牌维护管理等工作内容、时间频次及应达到的要求。

（7）维修项目管理主要规定工程维修项目计划的编报、项目实施方案报批、采购管理、质量安全过程监管、结算审计、竣工验收、绩效评价等全过程管理要求。

七、安全管理

安全管理包括一般要求、信息登记、工程保护、安全生产、安全评价、防汛管理、应急处置等内容。

（1）一般要求主要规定工程管理单位根据国家法律、法规、技术标准,应履行的安全管理职能等。

（2）信息登记主要规定堤防信息登记、更新等要求。

（3）工程保护主要规定水法规宣传、划界确权、水事活动巡查、涉河建设项目管理、违章管理等要求。

（4）安全生产主要规定安全生产目标职责、制度化管理、教育培训、现场管理、安全风险管控及隐患排查治理、应急管理、事故管理、持续改进等要求。

（5）安全评价主要规定编制计划、实施评价、成果审定、成果应用等要求。

（6）防汛管理主要规定防汛组织建立和落实、汛前准备、汛期管理等要求。

（7）应急处置主要规定渗水险情、管涌(流土)险情、漏洞险情、风浪冲刷险情、裂缝险情、跌窝险情、穿堤建筑物及其与堤防接合部险情、漫溢险情、坍塌险情、滑坡险情等应采取的处置措施、要求。

八、技术档案管理

技术档案管理包括一般要求、档案收集、档案归档、档案保管、档案利用等内容。

（1）一般要求主要规定技术档案管理制度、人员配备、设施管理等要求。

（2）档案收集主要规定工程运行管理、维修养护、检查观测等纸质和音像资料收集整理等。

（3）档案归档主要规定工程技术文件分类、编目、装订、归档等。

（4）档案保管主要规定档案按档案管理制度执行,配备防盗、防光、防潮等设施,做好温、湿度记录。

(5)档案利用主要规定档案数字化、一次编研、二次编研等。

九、其他工作

其他工作主要包含工程管理考核、标准化管理、信息化管理、科学技术研究与职工教育等。

第二节　规章制度

堤防管理相关规章制度主要包括工程检查观测制度、维修养护项目管理制度、安全管理制度、技术档案管理制度、教育培训制度等方面。

一、编制原则

堤防管理相关规章制度的编制原则为：

(1)管理单位应根据国家的法律法规、行业规范的要求,结合工程和单位实际,制定本单位的各项规章制度。

(2)管理单位应建立完整的规章制度体系,包括日常管理的各个方面,确保相关事项有章可循,同时注意制度之间的衔接配套。

(3)规章制度的制定包括起草、征求意见、会签、审核、签发和发布等流程。

(4)规章制度的条文应规定该项工作的内容、程序、方法,紧密结合工作实际,具有较强的针对性和可操作性。

(5)规章制度的执行应提供相应的佐证材料,并及时整理归档。

(6)当工程管理条件发生变化时,应及时修订、完善相应的规章制度。

二、工程检查观测制度

(一)工程检查制度

(1)工程检查的分类。

(2)日常检查周期、检查内容。

(3)汛前、汛后检查的内容、要求,报告的编写与上报。

(4)特别检查及不定期检查的时间、内容、要求,报告的编写与上报。

(二)工程观测制度

(1)工程观测设施分布情况。

(2)工程观测项目。

(3)各观测项目的观测时间、频次、质量标准。

(4)观测成果审核、分析和整理、上报。

(5)观测成果应用。

(6)观测活动的安全保障。

(7)观测成果资料整编、归档。

三、维修养护项目管理制度

(1)堤防工程及附属设施概况。

(2)堤防养护的范围和时间、质量标准。

(3)维修养护项目的申报、方案编制。

(4)维修养护项目的采购与合同管理。

(5)维修养护项目的施工质量标准。

(6)维修养护施工的过程安全管理。

(7)维修养护项目的进度管理。

(8)维修养护项目结算及造价审计。

(9)维修养护项目阶段验收、合同完工验收规定。

(10)维修养护项目绩效评价相关规定。

四、安全管理制度

(一)水政及河道管理制度

(1)水政巡查的范围、人员组织。

(2)巡查的频次、内容、记录等规定。

(3)水法规宣传的范围、内容。

(4)水法规学习培训、水政人员继续教育。

(5)发现违章管理问题的处置流程。

(6)涉河建设项目的审批前期服务、涉河建设方案许可、签订占用补偿等相关协议、施工方案审查、实施过程监管、督促问题整改、参与专项验收、运行过程监管等监督管理程序。

(7)水政巡查装备的管理。

(8)水政执法活动的安全保障。

(9)巡查记录、月报表和年度统计报表等。

(二)安全生产制度

(1)安全目标管理制度。

(2)安全生产委员会(领导小组)工作规则。

(3)安全生产责任制。

(4)安全生产投入管理制度。

(5)法律法规标准规范管理制度。

(6)安全教育培训管理制度。

(7)消防安全管理规定。

(8)交通安全管理制度。

(9)工伤保险管理制度。

(10)特种作业人员管理制度。

(11)劳动防护用品管理制度。

(12)安全设施管理制度。

(13)安全标志管理制度。

(14)社会治安综合治理目标管理与考核制度。

(15)安全生产预警预报和突发事件应急管理制度。

(16)临时用电管理制度。

(17)作业安全管理制度。

(18)作业安全变更管理制度。

(19)相关方安全管理制度。

(20)建设项目安全设施"三同时"管理制度。

(21)危险物品及重大危险源监控管理制度。

(22)生产安全事故隐患排查治理制度。

(23)职业健康管理制度。

(24)应急投入保障制度。

(25)安全生产考核奖惩管理办法。

(26)安全生产标准化管理制度。

(27)水利工程反恐怖工作制度。

(三)防汛工作制度

(1)建立防汛责任制和防汛办事机构。

(2)开展汛前、汛后检查。

(3)编制水旱灾害应急预案和险工险段抢险预案,并组织预案演练工作。

(4)汛期值班、交接班和领导带班制度。

(5)防汛调度指令的执行程序。

(6)防汛应急处置工作程序。

(7)防汛工作总结。

(四)运行值班和交接班管理制度

(1)汛期值班工作安排(含值班、带班)。

(2)非汛期值班工作安排(含法定节假日)。

(3)值班工作内容。

(4)交接班制度。

(5)值班巡查制度。

(6)值班记录制度。

(7)来电来访接待制度。

(五)防汛物资和器材使用管理制度

(1)物资种类、品名、数量、分布等情况。

(2)各种物资的存储要求。

(3)物资的登记、责任牌。

(4)物资的检查周期。

(5)物资的养护规定。

(6)库房的消防、用电及物资的运输等安全管理。

(7)物资的出入库登记管理。

(8)物资管理台账等。

(六)事故处理报告制度

(1)事故应急处置原则。

(2)事故应急处理程序。

(3)事故预警预报。

(4)事故现场保护。

(5)事故的应急报告内容、程序及时间规定。

(6)事故原因调查。

(七)应急预案管理制度

(1)管理职责范围内可能出现的险情、风险分析和研判。

(2)应急预案的类别(综合预案、专项预案和现场处置方案)。

(3)各类预案编制、修订时间、程序。

(4)预案的格式、内容规定。

(5)预案演练的安排。

(6)预案执行的规定。

(7)相关资料台账等。

五、技术档案管理制度

(1)档案的分类相关规定。

(2)各类档案的归档范围。

(3)各类档案的保管期限。

(4)档案的收集、整理、归档。

(5)档案的保管、借阅和移交。

(6)档案的利用。

(7)档案库房的巡查及安全保障。

(8)档案设备设施管理维护。

(9)档案的保密规定。

六、教育培训制度

(1)培训需求的识别。

(2)培训计划的制订和审批。

(3)培训计划的执行。

(4)教育培训台账等。

第三节 操作规程

堤防工程各类设备操作规程一般包括工程设备检修规程、穿堤涵闸闸门启闭操作规程、配电设备操作规程、柴油发电机组操作规程等。

一、编制原则

(1)操作规程应以工程设计和操作实践为依据,确保技术指标、技术要求、操作方法的科学合理,成为人人遵守的操作行为指南。

(2)操作规程应保证操作步骤的完整、细致、准确、量化,有利于设备设施的可靠安全运行,同时要注意各操作规程之间的衔接配合。

(3)操作规程应与优化运行、节能降耗、提高效率等相结合。

(4)操作规程应明确岗位操作人员的职责,做到分工明确、协同操作、密切配合。

(5)操作规程的制定包括规程起草、会签、审核、签发和发布等。

(6)操作规程应在实践中及时修订、补充和不断完善,在采用新技术、新工艺、新设备、新材料时,必须及时以补充规定的形式进行修改或进行全面修订。

二、工程设备检修规程

(一)适用范围

适用范围包括管辖的穿堤建筑物闸门、启闭机,水泵、电机,供电(发电机等)、配电设备,巡查车船,电动葫芦等。

(二)主要内容

(1)工程设备概况。

(2)设备大修、中修、小修周期。

(3)设备检修的工作程序。

(4)检修技术方案的确定。

(5)设备检修的质量标准。

(6)工作票和操作票规定。

(7)设备缺陷备案制度。

(8)设备检修现场安全管理。

(9)设备试车及验收。

(10)设备检修资料。

(11)车船保险规定。

(12)设备管理台账制度等。

三、穿堤涵闸闸门启闭操作规程

(一)适用范围

适用范围主要包括堤防管理范围内穿堤涵闸闸门启闭的操作。

(二)主要内容

(1)启闭前的准备工作,设备操作对工作人员的要求。

(2)启闭前检查的主要内容及要求。

(3)闸门启闭顺序及启闭过程中的注意事项。

(4)启闭后应核对的内容。

(5)启闭记录等。

四、配电设备操作规程

(一)适用范围

适用范围主要包括堤防管理范围内电气设备的操作。

(二)主要内容

(1)配电设备操作对工作人员的要求。

(2)停送电操作步骤及应采取的安全保障措施。

(3)需要带电作业时,应做好安全技术措施及监护要求。

(4)启用柴油发电机组备用电源时的操作程序及要求。

(5)电气操作记录。

五、柴油发电机组操作规程

(一)适用范围

适用范围包括堤防管理范围内发电操作。

(二)主要内容

(1)启动发电机组前,检查的内容及其他准备工作。

(2)机组启动的步骤及要求。

（3）柴油机启动后，转速的调整及水温、油温的控制。

（4）空载运行正常后，变阻器调整及电压和频率的控制。

（5）送电的步骤和要求。

（6）机组运行过程中的安全措施及注意事项。

（7）停机的步骤及要求。

（8）机组长期不用时，每月空载试机 15 min，汛前、汛后带载试机 30 min，保证在系统电网停电 20 min 内启动发电，并且电压、周波、相序和输出功率达到额定值。

第四章　管理标准

按照水利部堤防工程标准化基本要求和评价标准,堤防工程管理单位应根据堤防日常管理常规性工作和重点工作,结合现行水利工程管理规定,制定系统、统一、细化、量化的标准体系,以标准指导管理,以标准衡量管理,以标准规范管理,确保工程安全运行,促进堤防管理水平提档升级。

第一节　检查观测标准

一、工程检查标准

堤防工程检查包括经常检查、定期检查、特别检查和不定期检查等。工程检查应按相关规定开展,并填写记录,及时整理检查资料,汛前、汛后检查报告应分别于每年4月上旬、10月下旬报上级主管部门。

(一)经常检查标准

经常检查包括日巡查、周检查、月复查、季督查。经常检查标准见表4-1。

表 4-1　经常检查标准

序号	标准内容		
1	日巡查一般每日1次;汛期高水位(设防水位以上)、大流量运行时应增加巡查频次		
2	日巡查	低水位期	重点检查工程设施、防汛物料、限行装置、标识标牌等附属设施是否完好;林木有无倒伏、折枝、病虫害等现象;有无取土、打井、埋坟、放牧、破坏林木、倾倒垃圾等危害堤防安全的活动;堤顶道路有无打场、晒粮、集市贸易等现象;管理范围、保护范围有无违章等其他异常情况;是否存在涉河建设项目和活动未批先建、批建不符以及防洪影响处理工程未实施等问题
3		高水位期(超设防水位期)	重点检查堤防背水坡有无滑坡、裂缝,坡脚及护堤地有无渗水、管涌、流土,堤防迎水坡靠河着流部位有无冲刷、坍塌、裂缝,护岸工程有无损坏,原有渗水点水量有无变化等情况;对险情部位安排专人监测。检查范围覆盖堤防工程管理和保护范围,重点检查地面有无管涌、流土,以及水域有无冒水、翻沙等险情;涉河建设项目建设或运行是否对河道行洪、堤防安全产生不利影响等问题

续表 4-1

序号		标准内容
4		每周检查不少于 1 次,特殊时期或重点问题督办增加检查频次
5		堤身	重点检查堤顶是否坚实平整,堤肩线是否顺直;有无凹陷、裂缝、残缺;堤顶道路有无损毁;堤坡、戗台是否平顺,有无雨淋沟、滑坡、裂缝、塌坑、洞穴,有无杂物、垃圾堆放,有无害堤动物洞穴和活动痕迹,有无渗水;排水沟是否完好、通畅,排水孔是否顺畅,渗漏水量有无异常;硬质护坡是否完好等
6	周检查	护堤地	重点检查管理范围有无取土、打井、埋坟、放牧、破坏林木等活动;汛期背水堤坡及坡脚外有无管涌、流土、渗水等现象
7		护岸工程	重点检查堤岸防护工程是否完好,河势有无较大改变,滩岸有无坍塌
8		穿堤建筑物与堤防的接合部	重点检查穿堤建筑物与堤防的接合是否紧密;跨堤建筑物与堤顶之间的净空高度能否满足堤顶交通、防汛抢险、管理维修等方面的要求
9		防渗及排水设施	重点检查防渗及排水设施是否完好,减压井、排渗沟有无淤堵
10		生物防护工程	重点检查防浪林带、护堤林带的树木有无老化、缺损、倒伏、断枝等现象,是否有人为破坏、病虫害及缺水现象;草皮护坡控高是否及时
11		附属设施	重点检查管理用房、里程碑、百米桩、界牌、警示牌、限行设施是否完好
12		涉河建设项目和活动	重点检查是否存在涉河建设项目和活动未经有审批权限的水利部门审查同意,擅自开工建设;主体工程位置、规模、界限等未按水利部门审批要求建设;防洪影响处理工程未按水利部门审批要求建设;项目建设或运行对河道行洪、堤防安全产生不利影响等问题

续表 4-1

序号		标准内容	
13	月复查、季督查	月复查:每月检查不少于 1 次;季督查:每季度检查不少于 1 次。特殊时期或重点问题督办增加检查频次	
14		堤防管理范围	重点复核和检查在堤身、护堤地管理范围内是否有建房、放牧、开渠、打井、爆破、挖窖、挖塘、葬坟、晒粮、采石、取土、扒口、存放物料、开采地下资源、进行考古发掘以及开展集市贸易等;在堤身是否有耕种、铲草皮、挖堤筑路、傍堤蓄水;在堤身、防渗铺盖、压渗平台上是否有植树;是否有损毁、破坏水工程设施及其附属设施和设备;是否有未经管理单位同意擅自埋设杆、线及设置建筑物、构筑物、新修上堤道路等问题
15		堤防安全保护范围	重点复核和检查是否存在打井、钻探、爆破、挖筑池塘、采石、取土等危及堤防安全的活动
16		涉河建设项目和活动	重点检查涉河建设项目和活动是否存在未批先建、批建不符以及防洪影响处理工程未按批复文件要求实施等,项目建设或运行是否对河道行洪、堤防安全产生不利影响等问题
17		违章管理	重点检查河道巡查制度落实情况,对上报的"四乱"问题进行督查,问题整改进展情况,若未整改完成,跟踪督促问题整改等
18		问题处理	检查时应填写检查记录,遇有违章建筑和危害工程安全的活动应及时制止;防汛期间发现险情,必须立即采取抢护措施,并及时向防汛抗旱指挥部和上级主管部门报告

(二) 定期检查标准

定期检查标准见表 4-2。

表 4-2　定期检查标准

序号		标准内容
1	汛前检查	成立汛前检查工作小组,制订度汛准备工作计划,明确具体的任务内容、时间要求,落实到具体部门、具体人员
2		除按"经常检查"要求的内容标准外,还应着重检查堤防"开口子"工程复堤进度和应急度汛措施,妨碍河道行洪设施,防汛物资储备,穿堤水(涵)闸防洪闸门能否在防洪要求的时限内关闭和正常挡水等情况;必要时开展穿堤水(涵)闸洞身检查

续表 4-2

序号		标准内容
3	汛前检查	对汛前检查中发现的问题应及时进行处理,对影响工程安全度汛而一时又无法在汛前解决的问题,应制订好应急抢险方案
4		修订水旱灾害应急预案、现场应急处置预案,建立完善抢险队伍,有针对性地开展预案演练培训
5		对汛前检查情况及存在的问题进行总结,提出初步处理措施,形成报告,并报上级主管部门
6		接受上级汛前专项检查,按要求整改提高,及时向上级主管部门反馈
7	汛后检查	重点检查工程设施、附属设施等损坏情况,深入查清险情发生部位及周边坍塌、冲刷、裂缝、渗漏等变化
8		防汛物料动用情况
9		对检查中发现的问题应及时组织人员修复或作为下一年度的维修项目上报

(三)特别检查标准

特别检查标准见表 4-3。

表 4-3　特别检查标准

序号		标准内容
1	事后检查	检查大洪水、大暴雨、台风、地震等工程非常运用及发生重大事故后堤防工程及附属设施的损坏和防汛物料及设备动用情况
2	问题处理	对大洪水、大暴雨、台风来临前检查发现的问题要及时处理,消除隐患,对一时不能处理的问题要有应急预案。期间发现问题应分析处理,防止工程损毁、安全事故等问题扩大。大暴雨、台风造成损失,以及地震、事故发生后,要针对存在问题编制维修方案并上报
3	成果资料	形成专题检查报告

(四)不定期检查标准

不定期检查标准见表4-4。

表4-4　不定期检查标准

序号		标准内容
1	检查内容	堤身内有无洞穴、裂缝;水下护脚有无损坏、缺失,河势岸线有无明显变化;穿、跨堤建筑物与堤防接合部有无缝隙与不均匀沉陷等
2	问题处理	发现问题应分析处理,编制维修方案并上报
3	成果资料	形成专题检查报告

二、工程观测标准

堤防工程观测应保持观测工作的系统性和连续性,按照规定的项目、测次和时间在现场进行观测。应做到随观测、随记录、随计算、随校核、无缺测、无漏测、无不符合精度、无违时,测次固定和时间固定,人员和设备宜固定。委托外单位测量的,其资质应满足相关要求。堤防管理单位应在年底前完成本年度的资料整编工作,编写观测分析报告并报上级主管部门审查。工程观测标准见表4-5。

表4-5　工程观测标准

序号		标准内容
1	断面观测	根据管理需要,每500~1 000 m设置一个断面,观测堤顶高程、宽度及内外坡比等
2	沉降观测	观测断面应选在堤防地基条件较复杂、渗流位势变化异常、有潜在滑移危险的堤段,观测点可布设在堤顶、堤坡、平台、堤脚等处,应埋设坚固,有防止附加荷载作用和人为破坏措施
3		堤防建成初期,应半年观测1次;基本稳定后,宜每年汛后观测1次;建成时间较长且已稳定的堤防,宜每3年观测1次。在地质和工程运行状况比较复杂的堤防应适当增加观测次数
4	水位观测	可采用水文系统的水位测站观测资料,当管理范围无水位测站时,可根据需要设置水位观测点进行水位观测
5	堤身浸润线观测	某一断面测压管在同一时段观测到的水位基本反映了堤身浸润线高低。对于非黏性土堤防,若水位变化缓慢,堤身浸润线的变化基本反映了堤身内部渗流状态的变化情况,可供分析堤防防渗、导渗处理的效果用以进一步判断堤防稳定状况
6		电测水位计的测绳长度标记观测前应进行校核。2次测读测压管水位误差应不大于2 cm

续表 4-5

序号		标准内容
7	裂缝观测	堤防出现裂缝时开始观测,根据裂缝发展情况确定观测频次
8	近岸河床冲淤变化	进行局部冲刷观测时,应准确测定冲刷位置、深度、形态及范围;水下测点间距一般可取 3~10 m,观测断面间距一般可取 25~50 m,在地形陡变部位,断面和测点应适当加密;最终成果应能提交地形图及初步分析意见
9		进行河道凸岸淤积观测时,应准确测定淤积位置、高程、范围及淤积量;测点和断面的间距可为 10~20 m;最终成果应能提交淤积地形图及有关分析意见
10	减压排渗工程的渗控效果观测	堤防开始挡水后,应根据水位、流量的变化,对减压排渗工程的渗控效果进行观测,观测井内水位及出水量的变化,根据堤防两侧水位情况,进行分析比较
11	观测资料整编	每次观测结束后,应及时对记录资料进行计算和整理,并对观测结果进行初步分析,如发现观测精度不符合要求,应重测;如发现数据异常,应立即进行复测并分析原因

注:堤防上的穿堤水(涵)闸观测标准参照《水闸工程标准化管理》中的观测标准。

第二节　养护修理标准

　　堤防工程养护修理应遵循"经常养护、及时维修、养修并重"的原则,对检查发现的缺陷和问题,应随时进行养护修理,以保证工程处于良好状态。养护修理后的标准应不低于原设计标准。养护修理包括堤身、堤顶、堤坡、护堤地、铺盖、盖重、防汛道路、防洪(浪)墙、防渗设施、排水设施等养护维修以及生物防护工程维护、生物隐患防治、管护设施维护管理等。本标准主要参照《堤防工程养护修理规程》(SL 595—2013)、《土石坝养护修理规程》(SL 210—2015)、《水利工程白蚁防治技术规程》(DB 34/T 2182—2014)、《堤防工程技术管理规范》(DB 34/T 1927—2020)等制定。

一、项目管理标准

　　项目管理标准见表 4-6。

表 4-6　项目管理标准

序号		标准内容
1	计划编报	工程养护修理计划应根据相关定额进行编制,每年 5 月底前编制完成下一年度预算计划。建立工程运行维护项目库,编写项目文本
2		年度预算计划经批准后,应及时组织实施,年度预算项目必须当年完成
3	实施准备	工程维修、加固、改造等单项工程,原则上应编报专项实施方案、预算书和图纸等资料。超过 50 万元的工程项目应附设计文件,涉及结构安全或专业性较强的项目应由相应资质单位编制设计文件,报上级主管部门审批后方可实施
4		应按照政府采购和单位运行维护管理经费使用的有关规定,选择具有相应施工资质和能力的维修施工队伍,并加强项目管理
5	项目实施	项目实施过程中应随时跟踪项目进展,建立施工管理日志,用文字及图像记录工程施工过程发生的事件和形成的各种数据
6		养护项目如实反映主要材料、机械、用工及经费等的使用情况,做到专款专用,并及时填写项目实施情况记录表
7		材料及设备验收应具有材料各项检验资料、设备合格证、产品说明及图纸等随机资料
8		各工序、工程隐蔽部分阶段验收,应在该工序或隐蔽部分施工结束时进行。分部验收应具备相应的施工资料,包括质量检验数据、施工记录、图纸、试验资料、照片等资料
9		项目完工验收应具备相应的技术资料、验收总结及图纸、照片、完工结算、检测资料、审计报告等资料
10		预算 50 万元以上(含本数)的单项工程应由局直各实施单位先进行初验,再委托第三方进行审计,审计完成后由省局组织完工验收;20 万元以上(含本数)、50 万元以下的,局直各实施单位完工验收前应完成第三方打捆审计
11	绩效评价	对预算到位情况、数量指标、质量指标、时效指标、成本指标、经济效益指标、社会效益指标、生态效益指标、可持续影响指标、满意度指标等进行自评价,填写绩效目标自评表

二、堤防工程养护修理标准

(一)堤身表面裂缝养护修理标准

堤身表面裂缝养护修理标准见表4-7。

表4-7　堤身表面裂缝养护修理标准

序号		标准内容
1	表面裂缝养护修理	堤身裂缝形成后,应先查明裂缝的走向、宽度和深度,分析裂缝的成因,判别裂缝类型
2		因土质干缩引起的表层裂缝,干旱季节应对裂缝堤段进行洒水养护
3		堤身裂缝修理工作一般在裂缝稳定后进行
4		土质堤身裂缝宜采用开挖回填、横墙隔断、灌堵缝口和灌浆堵缝等方法进行修理

(二)堤身内部修理标准

堤身内部修理标准见表4-8。

表4-8　堤身内部修理标准

序号		标准内容
1	堤身内部修理	填筑质量较差或经探明存在孔洞等隐患的堤身,宜采用充填灌浆
2		堤防出现严重的干缩裂缝时,宜采用充填灌浆

(三)堤顶养护修理标准

堤顶养护修理标准见表4-9。

表4-9　堤顶养护修理标准

序号		标准内容
1	堤顶养护修理	堤顶、堤肩、上下堤道路等养护应做到平整、坚实、无弃物
2		堤顶养护修理应做到平坦,无明显凹陷、起伏,保持设计宽度和高程
3		堤顶应保持一定的横向坡度,坡度宜为2%~3%
4		堤肩应植草皮防护,宽度不少于0.5 m,做到无明显坑洼、塌肩;堤肩线应保持线直、弧圆
5		堤顶出现坑洼、起伏、塌肩、车槽等缺陷时,应及时修复
6		铺筑堤顶路面的堤防,雨后及时排除积水,对坑洼处补土、整平、压实
7		硬化堤顶路面养护修理标准见表4-14

(四)堤坡养护修理标准

堤坡养护修理标准见表4-10。

表4-10　堤坡养护修理标准

序号		标准内容
1	堤坡养护修理	堤坡养护修理应保持设计坡比,坡面饱满、平整,无雨淋沟、陡坎、洞穴、陷坑、杂物等
2		戗台应保持设计宽度、台面规整
3		堤脚线应保持连续、清晰
4		上下堤道路应保持顺直、平整,无沟坎、凹陷,不应削减堤身断面设置上下堤道路
5		土质堤坡、戗台及上下堤道路出现雨淋沟、陡坎、洞穴、陷坑等缺陷时,应根据损坏程度,采用适当的方法养护修理;当需要开挖时,应分层回填夯实土料,及时修复坡面草皮
6		当干砌块石护坡的块石坍塌、垫层被淘空,块石风化或破碎,块石脱落或松动时,应及时修复
7		砌石护坡的排水沟阻塞时,应及时清理;浆砌石护坡勾缝砂浆脱落、风化,或浆砌石护坡断裂损坏时,应及时修复
8		混凝土预制块护坡的砌块破碎、断裂、缺失时,应及时更换和修复;砌块垫层被淘刷、缺失或砌块被架空时,应及时填补垫层、修复坡面
9		现浇混凝土护坡局部面层剥落时,应将表层松散部位凿除并冲洗干净,用符合强度等级要求的水泥砂浆修补;因沉陷、淘空引起面层破碎时,应拆除面层,修复土体、铺设垫层、浇筑面层混凝土,并按要求做好新旧护坡衔接,修复伸缩缝和排水孔;局部面层出现裂缝或破损时,应采用水泥砂浆进行抹补、喷浆处理;裂缝较宽或伸缩缝止水遭破坏时,可采用表面粘补或凿槽嵌补混凝土的方法修理;新修补护坡混凝土的标号应不低于原护坡混凝土的标号,其结构形式应与原护坡一致
10		草皮维护标准见表4-18

(五)护堤地养护修理标准

护堤地养护修理标准见表4-11。

表 4-11　　护堤地养护修理标准

序号		标准内容
1	护堤地 养护修理	护堤地的养护修理应做到边界明确、标志清晰、地面平整、排水畅通
2		界埂、界沟、界桩应保持规整;界埂出现残缺应及时修复;界沟阻塞应及时疏通;界桩倾斜或丢失,应及时扶正或补充
3		护堤地有巡查便道的,应保持畅通
4		护堤地林木维护标准见表 4-17

(六)铺盖、盖重养护修理标准

铺盖、盖重养护修理标准见表 4-12。

表 4-12　　铺盖、盖重养护修理标准

序号		标准内容
1	铺盖、盖重 养护修理	铺盖、盖重养护修理应保持其设计长度、宽度和高程
2		铺盖、盖重损坏或高程降低时,应及时回填土料修理。铺盖回填应选择不大于原铺盖渗透系数的土料,并按设计压实度回填压实;盖重回填宜选择不小于原盖重渗透系数的土料,并按设计压实度回填压实
3		铺盖、盖重范围内不应栽植树木及从事其他损坏其功能的活动

(七)防渗、排水设施养护修理标准

防渗、排水设施养护修理标准见表 4-13。

表 4-13　　防渗、排水设施养护修理标准

序号		标准内容
1	防渗、排水设施 养护修理	排水设施应定期清理、疏通
2		黏土斜墙及土工合成材料坡面防渗体的保护层发生损坏,应采用相同材料修理
3		排水导渗体或滤体发生损坏、堵塞,应将损坏或堵塞部分拆除,按原有结构修复
4		在堤顶、堤坡设置的排水沟发生沉陷、损坏,应拆除损坏部位,回填夯实,修复堤坡及排水沟
5		减压井排渗功能明显减小时,应进行"洗井"
6		堤身防渗土工膜发生损坏,应拆除局部护坡体,对防渗土工膜的损坏部位进行修补,并恢复原有结构

(八)防汛道路养护修理标准

防汛道路养护修理标准见表4-14。

表4-14　防汛道路养护修理标准

序号		标准内容
1	防汛道路养护修理	防汛道路应保持平整、完好,无坑洼、破损,路基无塌陷,路面无杂物,雨后无积水,满足防汛抢险通车要求
2		泥结石路面应适时补充磨耗层,保持路面平整;有明显凹陷、波状起伏等损坏严重路段,应按原设计标准修复
3		沥青路面、水泥混凝土路面养护修理按相应的规范执行
4		防汛道路路缘石断裂、沉陷、缺损应及时修复,路肩土和草皮缺失应及时修补种植

(九)防洪(浪)墙养护修理标准

防洪(浪)墙养护修理标准见表4-15。

表4-15　防洪(浪)墙养护修理标准

序号		标准内容
1	防洪(浪)墙养护修理	防洪(浪)墙表面的杂草和杂物,应及时清除
2		防洪(浪)墙变形缝内流失的填料应及时填补,填补前应将缝内杂物清除干净;浆砌石防洪(浪)墙勾缝损坏应及时修补
3		钢筋混凝土防洪(浪)墙表面发生剥落或破碎,应用水泥砂浆进行抹补、喷浆处理
4		砖石结构防(洪)浪墙残缺、断裂、破损,应及时修理
5		防洪(浪)墙的伸缩缝、沉降缝止水损坏,应及时修复

(十)穿、跨堤建筑物养护修理标准

穿、跨堤建筑物养护修理标准见表4-16。

表4-16　穿、跨堤建筑物养护修理标准

序号		标准内容
1	穿、跨堤建筑物养护修理	穿、跨堤建筑物与堤防接合部应保持坚实紧密,接合部发生损坏应及时修理
2		穿堤建筑物与土质堤防接合部临水侧截水设施和背水侧反滤、排水设施应加强养护,如有损坏应及时修复
3		穿、跨堤建筑物养护修理按相关标准执行

三、生物防护工程维护标准

用于防护工程的生物,应选择适应性强的品种;应对病虫害进行监测,及时防治;选择适用的化学药剂,采用合适的方法和防护措施进行病虫害防治。

(一)林木维护标准

林木维护标准见表4-17。

表 4-17　林木维护标准

序号		标准内容
1	林木维护	防浪林主冠一般保持在警戒水位至设计水位之间
2		林木保存率应大于95%,缺损较多的,应及时补植
3		新植树木歪斜时,应及时扶正培土
4		林木宜适时进行锄草、中耕松土、浇水、施肥、病虫害防治、涂白
5		林地积水时,应开沟沥水,及时排除积水
6		定期修枝,注意修枝切口平滑、更新
7		林木树龄达到轮伐期,及时组织更新采伐

(二)草皮维护标准

草皮维护标准见表4-18。

表 4-18　草皮维护标准

序号		标准内容
1	草皮维护	护坡草皮应经常修理,保持草皮整齐;修剪后的碎草,应及时清除
2		草皮出现枯死、损毁或遭雨水冲刷流失时,应及时补植
3		草皮缺水或缺肥影响生长时,应适时浇水或施肥
4		补植或更新草皮时,选择暖季型、根系发达、低茎蔓延、易维护的草皮品种及无病虫害的草源;铺植草皮时,草皮应带土成块移植,并疏松坡面土层,贴紧拍实;移植宜选择阴雨天气进行;采用籽播或散栽方式建植草皮成坪前,应采取措施,防止水土流失;更新草皮,在当地具有狗芽根草源条件下,优先选用狗芽根草茎建植技术建植草皮

四、生物隐患防治标准

定期开展生物隐患检(普)查,发现兽类、蚁类、植物等隐患时,应及时防治;生物隐患防治应遵循保证安全、保护环境、因地制宜、综合治理的原则;生物隐患防治工作应明确专人负责,按照年度防治计划及方案进行。

(一)动物隐患防治标准

动物隐患防治标准见表4-19。

表4-19 动物隐患防治标准

序号		标准内容
1	动物隐患防治	应定期开展检(普)查和调查,了解动物害堤状况和活动规律
2		清除堤身树丛、高秆杂草、旧房台等,整理备防土料、石料垛,消除动物便于生存、活动的环境
3		害堤动物在堤身内部形成的洞穴及通道应及时采用开挖回填、灌浆等方法进行处理,消除隐患
4		害堤动物在堤身表面形成的损毁应及时修复

(二)白蚁危害防治标准

白蚁危害防治标准见表4-20。

表4-20 白蚁危害防治标准

序号		标准内容
1	白蚁危害防治	白蚁防治工作应按照"预防为主、防治结合、因地制宜、综合治理"的原则进行
2		有白蚁活动迹象的堤防工程改建、扩建时,应将白蚁防治列入工程建设的内容。施工前,应对基础、周边及取土区等的白蚁进行检查,并提出防治措施;整治堤防环境,经常清除工程管理范围内的白蚁喜食物,抑制白蚁的滋生和蔓延;在白蚁分飞期,减少堤防工程区内灯光,防止白蚁孳生
3		白蚁危害治理应按"找、杀、防"等环节,因地制宜采用挖巢、灌浆、诱杀、监测控制装置等方法进行白蚁防治
4		灭治白蚁的药物应选用低毒、环保型产品

(三)植物隐患防治标准

植物隐患防治标准见表4-21。

表 4-21　植物隐患防治标准

序号		标准内容
1	植物隐患防治	堤身植物应满足便于汛期巡堤查险、消除害堤动物生存环境、根系不影响堤防工程安全等要求
2		堤身不应栽种乔木等根系较深的植物。已栽植的,应清除并将根系挖除、回填夯实
3		及时清除堤身野生灌木及高秆、阔叶植物及外来有害物种
4		当发现护堤地乔木根系与堤身较近时,应切断其根系

五、管护设施维护管理标准

管护设施应位置适宜、结构完整。发现损坏与丢失,应及时修复或补设;各种设备、工器具,应按其操作规程正确使用,定期检查和维护,发现故障及时维修。

(一)观测设施维护标准

观测设施维护标准见表 4-22。

表 4-22　观测设施维护标准

序号		标准内容
1	观测设施维护	观测仪器、设备应完好,专人管理,并按规定进行检测
2		工作基点、测点、测压管等观测设施无缺损、锈迹,保护设施完好,标牌清晰美观,表面清洁,测压管管口保护措施可靠
3		涵闸水位标尺安装牢固,水尺、特征水位线数字清晰,定期校验
4		观测设施应经常检查维护,发生变形或损坏,应及时修复、校测

(二)机电设备管理标准

机电设备管理标准见表 4-23。

表 4-23　机电设备管理标准

序号		标准内容
1	配电柜管理	配电柜固定牢靠,底部与电缆沟之间封闭良好,结构无变形,外观清洁,防腐蚀保护层完好
2		盘面仪表、指示灯、按钮及开关完好,仪表显示正确、指示灯显示正常
3		柜内无杂物、积尘,接线整齐,分色清楚,柜内导体连接牢固,有明显的接地标志;门体与开关柜多股软铜线可靠连接;开关柜之间的专用接地导体相互连接,并与接地端子连接牢固
4		柜内熔断器的选用、热继电器及智能开关保护整定值符合设计要求,漏电短路器定期试验,动作可靠
5		配有绝缘地垫;柜门门锁完好;开关箱、照明箱、配电箱安装高度符合规范要求,并做等电位连接,进出电缆安装美观整齐;各种开关、继电保护装置良好,接头牢固;露天开关箱应防雨、防潮
6	柴油发电机管理	柴油机机体表面保持清洁,无积尘、油迹、锈迹;机架固定可靠,机架及电气设备有可靠接地
7		油路、水路连接可靠通畅,无渗漏现象;冷却水位、散热器水位、各部位油位正常,油质合格
8		做好柴油发电机组冬季保暖和防冻措施;发电机工作时无异响,电压、温度及转速符合要求,各类仪表指示准确
9		电池组的电量保持充足
10		每月空载试机 15 min,汛前、汛后带载试机 30 min,保证在系统电网停电 20 min 内启动发电,并且电压、周波、相序和输出功率达到额定值

(三) 监控系统管理标准

监控系统管理标准见表 4-24。

表 4-24　监控系统管理标准

序号		标准内容
1	监控系统管理	监控设施应指定专人操作,操作人员经培训合格后方可上岗
2		非管理人员不应进入监控室,如有特殊需要须经管理人员同意
3		监控室应保持整洁、卫生、通风,不应存放无关物品
4		应定期对监控设施进行回放检查,如有图像不清、故障、死机等情况,应及时处理
5		应做好监控日志记录,详细记录监控录像的运转、维护、检查、调阅的情况;录像资料应按规定时间保存
6		计算机监控、视频监视设备外观整洁、干净、无积尘;每半年对软件系统进行一次全面维护

(四) 管理用房、生产与生活设施维护标准

管理用房、生产与生活设施维护标准见表 4-25。

表 4-25　管理用房、生产与生活设施维护标准

序号		标准内容
1	管理用房、生产与生活设施维护	管理用房、生产与生活设施完善,管理有序;应满足安全、环保、卫生、节能、节水、防火要求和使用功能
2		架空的输电、通信线路应整齐,输电、通信线路入地及管网布设应符合规划要求并设立标志
3		管理单位庭院整洁,环境优美,绿化程度高
4		办公区、生活区道路通畅,路面整洁,无损坏

(五) 限行装置设置参考标准

堤防工程沿线与交通道路交叉的道口,为保护堤顶道路免受超载车辆碾压损坏,应设置堤顶限行装置。

堤防工程管理单位应加强限行装置的安全管理,宜配套设置限宽、限高、减速带等辅助交通管理标志牌,限宽、限高设施夜间具有反光警示效果,避免对过往群众造成意外伤害。限行装置设置位置、材质、尺寸等见表 4-26。

表 4-26　限行装置设置参考标准

名称	安装位置	警示标注主要内容	限行装置材质	尺寸/mm
限宽体	堤顶道路与上堤道路入口	通行宽度的数字	钢筋混凝土	限宽约2 100;两侧限宽混凝土体尺寸与堤顶宽度适应
限高架	堤顶道路与上堤道路入口	通行高度的数字	钢结构、混凝土	限高2 000;两侧钢结构立柱与堤顶宽度适应
减速带	堤顶道路限行设施前后适宜位置	—	橡胶	按交通标准设置

(六) 防汛物料管理维护标准

防汛物料管理维护标准见表 4-27。

表 4-27　防汛物料管理维护标准

序号		标准内容
1	防汛物料管理维护	仓库、物料分布合理,有专人管理,管理规范
2		防汛物料存放位置适宜,码放整齐,取用方便,有防护措施、管理标牌
3		防汛物资质量符合要求,器材性能可靠,无霉变、丢失,账物相符
4		易燃、易爆、腐蚀性材料应另辟库房单独存放,妥善保管
5		经常检查、定期维护保养,及时报废超储备年限物资
6		有防汛物资储备分布图、调运图
7	库房、料池维护	库房干净整洁,有防火、防盗措施,满足物资储备要求;料池外墙干净整洁,定期维护

(七) 标志标牌设置参考标准

堤防工程标志标牌分为工程管理、水行政管理、安全生产、其他等 4 类。标志标牌设置类型、规格、材质、数量应满足实际管理需要。工程管理类标志标牌可参照《安徽省淮河局水利工程标志标牌内部标准》。

1. 工程管理类标志标牌

堤防工程管理单位应沿堤布设里程碑、百米桩、分界碑、险工险段工程标牌、工程简介牌、防汛物资明示牌等,安装位置、标注主要内容参考标准见表 4-28。

表 4-28 工程管理类标志标牌设置参考标准

名称	安装位置	标注主要内容	材质	尺寸/mm
里程碑	堤顶迎水侧堤肩线边	堤防千米数	新鲜坚硬料石材或预制混凝土标准构件	碑体横截面140×400,高900;底座长×宽×厚为600×350×50
百米桩	里程碑之间	百米数	新鲜坚硬料石材或预制混凝土标准构件	横截面120×120,高800
分界碑	分界线拐点	上下游管理单位或管理段所	新鲜坚硬料石材或预制混凝土标准构件	碑体横截面140×400,高900;底座长×宽×厚为600×350×50
险工险段工程标牌	存在病险问题、不良地基、河道护岸崩岸等堤段或岸滩醒目位置	存在的主要问题、历史加固情况等	铝板裱反光膜刻字	面板宽3 000,高2 000;地面至板面下边缘立柱高度1 900
工程简介牌	管理单位堤防起始处	工程位置图、工程情况介绍等	铝板裱反光膜刻字	面板宽3 000,高2 000;地面至板面下边缘立柱高度1 900
防汛物资明示牌	防汛物料池旁醒目位置	防汛物料种类、数量、管护责任主体等	铝板裱反光膜刻字	面板宽2 000,高1 300

2. 水行政管理类标志标牌

堤防工程管理单位应沿堤布设水法规宣传标牌,水行政管理类标志标牌安装位置、标注主要内容等见表4-29。

表 4-29 水行政管理类标志标牌设置参考标准

名称	安装位置	标注主要内容	材质	尺寸/mm
水法规宣传标牌	堤防入口、人员集散处	《中华人民共和国水法》《中华人民共和国防洪法》《中华人民共和国河道管理条例》《安徽省水利工程管理和保护条例》《安徽省实施〈中华人民共和国河道管理条例〉办法》等水法规摘选	铝板裱反光膜刻字	面板宽1 200,高2 000;面板下边缘与地面高度1 900
堤防保护警示牌	堤顶、堤前等人员集散处	禁止取土、打井、放牧、埋葬、打场晒粮、集市贸易、乱伐树木等	铝板裱反光膜刻字	

3.安全生产类标志标牌

堤防工程管理单位根据堤防工程实体、养护维修现场、管理行为等危险源编制及安全风险分析结果,依据《安全标志及其使用导则》(GB 2894—2008),应设置禁止标志、警告标志、指令标志、提示标志及自行设计安全标志标牌。

其中,常用的禁止标志有:禁止吸烟(防汛仓库、档案室、配电房等)、禁止烟火(防护林区、草皮护坡区、档案室等)、禁止靠近(变压器及高压线路等)、禁止入内(配电房等)、禁止通行(防汛道路施工期间等)、禁止游泳等。禁止标志设置参考标准见表4-30。

表 4-30　禁止标志设置参考标准

场所	存在危险隐患,需要禁止某些不安全行为的地方
图形	禁止标志的几何图形是带斜杠的圆环,其中圆环与斜杠相连,用红色;图形符号用黑色,背景用白色
标准	1.制作长方形标志牌,明确禁止内容及图案; 2.禁止性标志牌应悬挂或张贴在进入该区域前可以正视的地方; 3.样式:执行《安全标志及其使用导则》(GB 2894—2008); 4.规格:一般为高 400 mm×宽 300 mm; 5.材料:坚固耐用的材料制作,如 PVC、铝材、塑料贴纸或纸质彩色打印塑封,有触电危险的作业场所,应使用绝缘材料

常用的警告标志有:当心火灾(配电房、档案室、防汛仓库、食堂、办公室等)、注意安全(施工现场、穿堤建筑物临边等)、当心触电(配电房、开关柜等)、当心塌方(土方施工形成的深坑等)、当心滑倒(迎水护坡、台阶等)、当心落水(河岸边、穿堤建筑物等)。警告标志设置参考标准见表4-31。

表 4-31　警告标志设置参考标准

场所	存在危险隐患,需要提出警告的地方
图形	警告标志的几何图形是黑色三角形、黑色符号和黄色背景
标准	1.制作长方形标志牌,明确警告性内容及图案; 2.警告性标志牌应悬挂或张贴在显眼的地方; 3.样式:执行《安全标志及其使用导则》(GB 2894—2008); 4.规格:一般为高 400 mm×宽 300 mm; 5.材料:坚固耐用的材料制作,如 PVC、铝材、塑料贴纸或纸质彩色打印塑封;有触电危险的作业场所,应使用绝缘材料

常用的指令标志有:必须戴安全帽(施工现场等)、必须戴护耳器(柴油发电机房等)、必须穿救生衣(水上作业等)、必须接地(配电房、变压器等)、必须拔出插头

（停用设备等）等。指令标志设置参考标准见表4-32。

表4-32　指令标志设置参考标准

场所	存在危险隐患,需要指示人们必须做出某种动作或采取防范措施的地方
图形	指令标志的几何图形是圆形,蓝色背景,白色图形符号
标准	1. 制作长方形标志牌,明确指令性内容及图案; 2. 在必须穿着或设置保护用品的地方悬挂相应的指令性标志; 3. 样式:执行《安全标志及其使用导则》(GB 2894—2008); 4. 规格:一般为高 400 mm×宽 300 mm; 5. 材料:坚固耐用的材料制作,如 PVC、铝材、塑料贴纸或纸质彩色打印塑封,有触电危险的作业场所,应使用绝缘材料

常用的提示标志有紧急出口（管理房等）等。提示标志设置参考标准见表4-33。

表4-33　提示标志设置参考标准

场所	需要向人们提供某种信息(如标明安全设施或场所等)的地方
图形	提示标志的几何图形是正方形,绿色背景,白色图形符号
标准	1. 制作长方形标志牌,明确提示内容及图案; 2. 在安全设施、安全场所、安全通道等处设置; 3. 样式:执行《安全标志及其使用导则》(GB 2894—2008); 4. 规格:一般为高 400 mm×宽 300 mm,带有方向辅助标志、文字辅助标志且观察距离较近时,尺寸可缩小; 5. 材料:坚固耐用的材料制作,如 PVC、铝材、塑料贴纸或纸质彩色打印塑封

堤防工程管理单位还可针对实际情况,参照其他有关标准,自行设计制作入口安全告知牌、重大危险源告知牌、职业危害告知牌等,设置样式和材质应根据现场情况因地制宜,制作美观大方。

4. 其他类标志标牌

节水宣传、环境卫生宣传牌以及工程管理区内指示标志、功能间标识牌,根据实际需要设置。

第三节　安全管理标准

堤防工程管理单位应加强对堤防工程管理范围和安全保护范围内的水事活动、建设项目的监督管理,及时制止并依法查处侵占、破坏工程设施的行为,确保堤防工程安全运行;学习贯彻《中华人民共和国安全生产法》等有关法律法规,设立安全生产管理机构,建立安全生产网络,落实安全工作经费,按照"安全第一、预防为主、综合治理"的方针,全面开展安全生产工作;按照"安全第一、常备不懈、以防为主、全力抢险"的方针,认真进行防汛准备和应急处置工作。堤防工程安全管理包括信息登记、工程保护管理、安全生产、安全评价、防汛管理、应急处置等。

一、信息登记标准

信息登记标准见表4-34。

表4-34　信息登记标准

序号		标准内容
1	信息登记	堤防工程管理单位应按照水利部堤防信息登记的要求,在"堤防水闸基础信息数据库"开展堤防、险工险段信息登记,并及时更新

二、工程保护管理标准

工程保护管理标准见表4-35。

表4-35　工程保护管理标准

序号		标准内容
1	水法规宣传	堤防工程管理单位应结合"世界水日""中国水周""水法宣传月"等,加强水法宣传,同时在日常巡查中加强水法规宣传,做到巡查和宣传相结合
2	划界确权	应以有关法律法规、规范性文件、技术标准和工程立项审批文件为依据划定堤防工程管理范围、保护范围,确定管理范围内土地使用权属,设立界桩(沟)
3		设置管理范围和保护范围公告牌等
4	水事活动巡查	按照水法规及河道巡查办法等有关要求,制订年度巡查方案,包括巡查范围、重点、内容、频次、路线以及责任人和相关责任等
5		采用经常巡查与不定期抽查相结合、重点巡查与一般巡查相结合的方式,可根据各类水事行为的特点增加巡查次数,重点、敏感地区可开展联合执法巡查

续表 4-35

序号		标准内容
6	水事活动巡查	巡查人员一般不少于 2 人,巡查人员对水事活动实施检查,应主动出示执法证件,严格按照法定权限和程序办事
7		执法巡查应当做到文明用语,文明执法
8		对巡查中发现的各类水事违法行为应及时依法依规分类处置,重大水事违法行为应当逐级上报,不得敷衍应付、隐瞒不报、复查失实,导致违章形成
9		建立巡查情况台账。巡查人员应及时填写巡查记录,写明巡查人员、路线、内容、方式、发现的问题及处理情况
10		按要求及时统计上报水行政执法检查情况汇总表
11	涉河建设项目管理	审查审批涉河建设项目建设方案和施工方案,监督消除和减轻不利影响措施的实施
12		依据水法规及涉河建设项目批复文件要求,对施工放样、防洪安全部位、隐蔽工程等进行现场监督管理,对涉河建设项目的施工、运行、管理等进行检查
13		建立涉河建设项目台账。督促建设单位落实防汛职责,编制度汛预案,签订现场清理复原等相关协议,实施消除和减轻防洪影响的措施,参与涉河建设项目专项验收,并做好资料收集和存档
14		监督指导项目防汛、度汛工作,发现违章建设及影响防洪安全的行为及时制止,并督促问题整改落实
15		涉河建设项目实施完成后,及时督促参建单位清理施工现场,清除施工废弃物、临时施工便道等施工临时设施,按原设计标准恢复受损的堤防、护坡等水利工程及设施
16	违章管理	发现侵占、破坏或损坏水利工程的行为,立即采取有效措施予以制止,及时报告并依法查处
17		纠正违法行为,应当坚持处罚与教育相结合,教育公民、法人或者其他组织自觉守法
18		建立问题台账。对违法行为调查终结,水政执法人员应当就案件的事实、证据、处罚依据和处罚意见等,向水行政处罚机关提出书面报告

三、安全生产标准

安全生产标准见表4-36。

表4-36 安全生产标准

序号		标准内容
1	目标职责	明确安全生产管理机构,配备专(兼)职安全生产管理人员,建立健全安全管理网络和安全生产责任制
2		逐级签订安全生产责任书,并制定目标保证措施
3		按有关规定保证具备安全生产条件所必需的资金投入,并严格资金管理
4	制度化管理	建立健全安全生产规章制度和安全操作规程,改善安全生产条件,建立健全安全台账
5		及时识别、获取适用的安全生产法律法规和其他要求,归口管理部门每年发布1次适用的清单,建立文本数据库
6	教育培训	每年识别安全教育培训需求,编制培训计划,按计划进行培训,对培训效果进行评价
7		加强新员工、特种作业人员、相关方及外来人员的教育培训工作
8	现场管理	现场设施管理工作标准参见表4-7至表4-27的相关内容
9		作业时成立安全管理小组,配备专(兼)职安全员,与相关方签订安全生产协议,开展专项安全知识培训和安全技术交底,检查落实安全措施,规范各类作业行为
10	安全风险管控及隐患排查治理	定期开展危险源辨识和风险等级评价,设置安全风险公告牌、危险源告知牌,管控安全风险,消除事故隐患
11		对重大危险源进行登记建档,并按规定进行备案,同时对重大危险源采取技术措施和组织措施进行监控
12	应急管理	建立健全安全生产预案体系(综合预案、专项预案、现场处置方案等),将预案报上级主管部门备案,并通报有关应急协作单位,一般每3年修订1次,如工程管理条件发生变化应及时修订完善
13		安全应急预案或专项应急预案每年应至少组织1次演练,现场处置方案每半年应至少组织1次演练,有演练记录
14	事故查处	发生事故后管理单位应采取有效措施,组织抢救,防止事故扩大,并按有关规定及时向上级主管部门汇报,配合做好事故的调查及处理工作
15		零事故报告定期通过信息平台上报
16	持续改进	根据有关规定和要求,开展安全生产标准化建设,同时根据绩效评定报告,进行持续改进

四、安全评价标准

安全评价标准见表 4-37。

表 4-37　安全评价标准

序号		标准内容
1	编制计划	根据《堤防工程安全评价导则》(SL/Z 679—2015) 和上级主管部门安排,编制堤防工程安全评价计划,适时组织开展堤防工程安全评价,掌握堤防工程安全状况
2	实施评价	承担堤防工程安全评价的单位,依据《堤防工程安全评价导则》(SL/Z 679—2015) 的要求,开展现场调查、复核计算等工作,分别编制堤防安全现状调查分析报告、堤防安全复核计算分析报告、堤防安全综合评价报告。根据评价情况,提出维修或加固意见
3	成果审定	堤防工程安全评价报告经有批准权限的单位组织审查
4	成果运用	堤防工程安全评价结果作为堤防工程管理单位开展运行管理、堤防维修养护和除险加固的依据。堤防工程管理单位通过堤防工程安全评价,掌握工程安全状况,为工程管理、防汛抗旱、加固改造提供基础资料

五、防汛管理标准

防汛管理标准见表 4-38。

表 4-38　防汛管理标准

序号		标准内容
1	防汛组织	建立防汛组织体系,组建专业抢险队伍,明确单位负责人、技术人员等的防汛职责,落实安全度汛责任,建立健全防汛工作及值班防守制度
2		建立与相关防汛部门、水文部门以及当地政府有关部门等的沟通联络机制,及时掌握工情、水情、雨情
3	汛前准备	开展汛前检查;研究编制防汛应急预案和险工险段抢险预案,编制防汛物料分布图、险工险段位置图及物资调度图表等各类防汛基础资料报主管部门备案

续表 4-38

序号		标准内容
4		开展防汛抢险技术培训,每年至少开展 1 次防汛应急预案演练,提高队伍应急处置能力
5	汛前准备	配备应急电源和应急通信设备,储备必要的防汛物资,制定防汛物资管理办法,建立防汛物资储备使用管理台账,做好物资购置、补充、更新和日常管护工作。防汛物料及工器具储备应分布合理,专人负责,规范管理
6		每年汛前及时消除堤防工程安全度汛的各类隐患,对备用电源等设备设施进行试运行;防汛道路保持畅通
7		落实汛期 24 h 值班制度和领导带班制度,做好值班记录,发现隐患、险情、事故及时报告,保持通信畅通
8		及时了解水文、气象信息,密切关注雨情、水情、工情,及时准确执行防汛指挥机构和上级主管部门的指令
9	汛期管理	做好日常巡堤查险工作。当达到警戒水位时,按管理权限由相应的防汛抢险机构组织实施巡堤查险。堤防工程管理单位应配合地方防汛指挥机构开展巡堤查险
10		巡堤查险应进行拉网式巡查,采用按责任堤段分组次、昼夜轮流的方式进行,相邻队组要越界巡查。发现险情时,应立即报告当地防汛指挥机构和上级主管部门,并配合做好抢险工作

六、应急处置标准

堤防工程发生险情,应准确判断险情类别、性质,按"抢早抢小、就地取材"的原则确定处置方案;应急处置结束后,应有专人观察,发现异常应立即报告并及时处理;堤防工程应急处置一般采取临时性抢险措施,险情解除后,具备条件时应清理、拆除临时工程,应按原设计要求进行重新维修或加固。应急处置标准见表 4-39。

表 4-39　应急处置标准

序号		标准内容
1	散浸险情	一般遵循"临水截渗、背水导渗"的原则,宜采用开沟导渗、反滤导渗等方法处置
2	管涌险情	一般遵循"导水抑沙"的原则,宜采用反滤导渗、反滤围井、蓄水反压(俗称养水盆)等方法处置
3	漏洞险情	一般遵循"临水截堵、背水滤导"的原则,临水侧截堵漏洞和背水侧防止土体流失应同时进行

续表 4-39

序号		标准内容
4	跌窝险情	根据其出险的部位及原因,按"抓紧翻筑抢护、防止险情扩大"的原则进行处置
5	风浪险情	宜采用铺设防浪布、挂柳防浪、挂枕防浪等方法
6	滑坡险情	一般遵循"上部削坡减载、下部固脚阻滑"的原则。因渗流作用引起的背水侧滑坡,同时应采取"前截后导"的处理措施
7	裂缝险情	发现裂缝后,应尽快用土工膜、雨布等加以覆盖保护,不让雨水流入缝中,并加强观测;进行险情判别,分析严重程度,若裂缝伴随有滑坡、崩塌险情的,应先抢护滑坡、崩塌险情,待险情趋于稳定后,再予以处理;对漏水严重的横向裂缝,在险情紧急或水位猛涨来不及全面开挖时,可先在裂缝段做前戗截流
8	穿堤建筑物与堤防接合部渗水险情	应遵循"临水截渗、背水导渗"的原则;与堤防接合部的漏洞险情,应采取堵塞漏洞进水口的方法处理
9	建筑物滑动险情	应遵循"增加摩阻力、减小滑动力"的原则。宜采用在闸墩、闸门下游等部位堆放块石、土袋等重物增加摩阻力,或在建筑物迎水侧滩地圈堤围堵、背水侧围堤蓄水平压等方法处置
10	闸门门顶漫溢险情	宜将焊接的平面钢架吊入门槽内,放置在闸门顶部,然后在钢架前部的闸门顶部堆放土袋,或利用闸前工作桥,在胸墙顶部堆放土袋,迎水面压放土工膜或篷布挡水
11	闸门破坏险情	应遵循"封堵洞口、截断流水"的原则。宜采用在检修门槽内下放检修闸门或钢(木)叠梁封堵,或先在洞口前下沉钢筋网,然后抛投土袋堵塞网格封堵
12	穿堤建筑物基础管涌或漏洞险情	应遵循"上游截堵、下游导渗和蓄水平压,减小水位差"的原则,在上游渗漏口抛投黏土袋减弱水势后,抛投散土封闭;在下游冒水、冒沙处抢筑反滤围井;在下游一定范围内抢筑围堤,抬高水位,减小上下游水位差
13	建筑物消能防冲工程破坏险情	建筑物消能防冲工程破坏险情,宜采用抛投块石、石笼等方法抢修
14	防洪墙倾覆险情	防洪墙出现向背水侧倾覆险情时,应及时在防洪墙背水侧用土和砂袋加戗处理
15	坍塌险情	按"护脚固基、缓流挑流"的原则,堤防坍塌抢修宜抛投块石、石笼、土袋等防冲物体护脚固基;大流顶冲、水深流急,水流淘刷严重,基础冲塌较多的险情,应采用护岸缓流的措施
16	漫溢险情	按"水涨堤高"的原则,在堤顶抢筑子堤

第四节　技术档案管理标准

一、技术档案管理标准

堤防工程管理单位应建立档案资料管理制度,由熟悉工程管理、掌握档案管理知识并经培训取得上岗资格的专职或兼职人员管理档案,档案设施保持齐全、清洁、完好。

技术档案管理标准见表4-40。

表4-40　技术档案管理标准

序号		标准内容
1	范围及周期	技术档案包括以文字、图表等纸质件及音像、电子文档等磁介质、光介质等形式存在的各类资料
2		管理单位应及时收集技术资料,对于控制运用频繁的工程,运行资料整理与整编宜每季度进行1次;对于运用较少的工程,运行资料整理与整编宜每年进行1次
3	建档立卡	各类工程和设备均应建档立卡,文字、图表等资料应规范齐全,分类清楚,存放有序,及时归档
4	保管借阅	严格执行保管、借阅制度,做到收借有手续,按时归还
5		档案管理人员工作变动时,应按规定办理交接手续
6	档案室管理	库房温度、湿度应控制在规定范围内
7		档案管理制度、档案分类方案应上墙;档案库房照明应选用白炽灯或白炽灯型节能灯
8	数字化管理	积极推行档案管理数字化

二、堤防工程主要技术资料

堤防工程管理单位除应收集堤防工程管理相关的法律法规、技术标准和相关规定,穿堤建筑物的相关建设管理资料以及相关科研成果等工程管理技术资料外,还应整理收集堤防工程管理过程中形成的各类技术资料。堤防工程主要技术资料清单见表4-41。

表 4-41　堤防工程主要技术资料清单

序号	任务名称	技术资料名称	包含的主要技术要素	说明
1	检查与观测			
1.1	工程检查	经常检查记录簿	检查日期、内容、存在问题、处理意见、检查人签字等	按年分类形成
		定期检查方案、检查组织、检查记录、检查分析报告	检查分析报告包括工程概况、年度工程管理情况、汛前准备情况、工程检查设备保养观测试验情况、新技术新设备运用情况、检查发现的主要问题及处理等	
		特别检查、不定期检查报告	检查组织情况、查出问题汇总分析、问题应急处理情况等	
1.2	工程观测	工程观测原始数据	测压管观测手簿、垂直位移观测原始数据、水准仪器 i 角校验记录等	按年形成
		年度工程观测资料整编成果汇编	观测工作说明、工程简介、穿堤水(涵)闸垂直位移、测压管等观测成果汇编、仪器校验报告等	
2	养护修理			
2.1	工程养护	堤防、穿堤水(涵)闸日常养护	养护实施方案、养护项目采购、项目实施过程监管、项目结算验收	按年形成
2.2	项目管理	管理设施维修改造、除险加固、管理区保护利用等专项工程	项目批复文件、实施方案、项目采购文件、项目合同文件、项目实施过程监管、项目结算审计、项目完工验收等	按项目建立
2.3	植物防护工程管理	林木更新台账	护堤地林木采伐更新申请及批复文件、采伐许可证、采伐过程记录等	采伐时产生
		林木数据台账	分单位建立林木数据台账,包括位置、面积、树种等信息	按年建立

续表 4-41

序号	任务名称	技术资料名称	包含的主要技术要素	说明
2.4	害堤动物防治	年度防治计划	防治组织机构、防治时间计划、防治范围、防治方法、隐患处理等	按年建立
		年度防治报告	工程概况、防治组织机构、隐患汇总分析、防治方法、隐患处理等	
2.5	管护设施维护管理	管理房台账	数量、位置、面积等	按年形成
		防雷(静电)装置检测报告	基本信息汇总、检测点平面示意图、建筑物防直击雷、屏蔽、等电位及接地电阻值报告、结论等	
		电气试验报告	变压器预试报告、接地电阻测量预试报告、仪表校验报告、电气绝缘工具试验报告等	
		标志标牌管理台账	标志标牌数量、位置、类别、内容、规格材质等	
3	安全管理			
3.1	工程保护	信息登记	基本信息登记、险工险段、安全评价等	适时
		工程划界管理台账	工程批准文件、工程划界图纸、管理范围内土地使用权属证书、界桩(沟)及公告牌设计方案及实施过程等资料	按年形成
		涉河建设项目管理台账	涉河建设项目行政许可批文、施工方案审查意见、施工图纸(含防洪影响处理工程)、施工组织设计、防洪影响处理工程质量监督书、建设过程施工监管记录(含影像资料)、项目专项验收资料、占用堤防资源补偿等协议以及承诺函等	按项目建立
		违章管理台账	违章形成的时间和缘由、设障单位或个人、监管单位、清障通知文件、整改措施、整改过程资料等	按年形成

续表 4-41

序号	任务名称	技术资料名称	包含的主要技术要素	说明
3.2	安全评价	安全评价报告	工程概况、基础资料情况、运行管理评价、工程质量评价、防洪标准复核、渗流安全性复核、结构安全性复核、工程安全综合评价等	按项目编制
3.3	安全生产	安全生产管理台账	目标职责、制度化管理、教育培训、现场管理、安全风险管控及隐患排查治理、应急管理、事故管理、持续改进8个部分	按年建立
3.4	防汛管理	防汛防旱组织机构	领导机构、职责分工等	按年形成
		应急预案及演练报告	应急预案:总则、组织指挥体系及职责、预防和预警机制、工程基本情况、应急响应、预案修订、奖励与责任追究等; 演练报告:时间、方案、过程记录、存在不足等	
		巡堤查险记录	巡查日期、内容、存在问题、处理意见、巡查人签字等	
		防汛物料台账	防汛物料出入库登记簿、物资清单、检查和维护保养记录等	
		防汛值班记录簿	时间、汛情记录(上下游水位、河湖流量等)、调度指令执行情况(指令内容、指令处理)、应急事项处理情况、交接班情况、值班人签字等	
4	技术档案管理	档案管理台账	档案移交表、借阅档案登记簿、档案室温湿度测定登记簿、科技档案案卷及卷内目录、文档目录等	按年建立

第五节　制度管理标准

堤防工程管理单位应结合工程实际,及时修订堤防工程技术管理细则、堤防运行管理制度和相关操作规程。制度建设管理主要包括技术管理细则、管理制度与操作规程、执行与评估等方面。制度管理标准见表4-42。

表4-42 制度管理标准

序号		标准内容
1	技术管理细则	堤防工程管理单位应结合工程的规划设计和具体情况,编制堤防工程技术管理细则;工程实际情况和管理要求发生改变时要及时进行修订,报上级主管部门批准
2		技术管理细则应有针对性、可操作性,能全面指导工程技术管理工作,主要内容包括:总则、工程概况、穿堤水(涵)闸控制运用、工程检查、工程观测、养护修理、安全管理、技术档案管理、其他工作等
3	管理制度与操作规程	管理制度、操作规程条文应规定工作的内容、程序、方法,要有针对性和可操作性
4		管理制度、操作规程应经过批准,并印发执行
5	执行与评估	技术管理细则、管理制度、操作规程应汇编成册,组织培训学习
6		堤防工程管理单位应开展规章制度执行情况监督检查,并将规章制度执行情况与单位、个人评先评优和绩效考核挂钩
7		堤防工程管理单位应每年对规章制度执行效果进行评估、总结

第六节 教育培训标准

堤防工程管理单位应明确教育培训的归口管理部门、对象与内容、学时、组织与管理、记录与档案等要求。教育培训工作主要包括制订培训计划、新进人员入职培训、安全生产教育培训、特种作业人员培训等。教育培训标准见表4-43。

表4-43 教育培训标准

序号		标准内容
1	业务培训	管理单位应制订年度教育培训计划,开展在岗人员专业技术和业务技能的学习与培训,运行管理岗位人员培训每年不少于1次,应完成规定的学时,职工年培训率应达到60%以上
2		管理细则、规章制度、应急预案等应按规定及时组织培训
3		河道修防工、闸门运行工以及特种作业人员应按照有关规定进行培训并持证上岗

续表 4-43

序号		标准内容
4	岗前培训	首次上岗的运行管理人员应实行岗前教育培训,具备与岗位工作相适应的专业知识和业务技能
5	安全培训	堤防工程管理单位主要负责人、安全生产管理人员初次安全培训时间不得少于 32 个学时,每年再培训时间不得少于 12 个学时,一般在岗作业人员每年安全生产教育和培训时间不得少于 12 个学时,新员工的三级安全培训教育时间不得少于 24 个学时
6	评价总结	堤防工程管理单位应每年对教育培训效果进行评估和总结,建立教育培训台账

第五章 管理流程

堤防标准化管理要按流程化管理方法,规范管理行为,克服工作执行过程的随意性,实现工作从开始到结束的全过程闭环式管理。对规律性、程序性、重复性的工作编制流程图,形成完整的工作链,明确工作实施的路径、方法和要求。

堤防工程管理单位应将主要流程在相关场所的醒目位置明示,加强管理流程的学习培训,对重要技术节点进行技术交底,保证操作人员熟悉掌握流程及关键控制点。将主要工作流程融入工程管理信息化系统,严格执行流程,实现信息共享。

第一节 控制运用流程

一、适用范围

适用于管理范围内的穿堤水(涵)闸调度运用。

二、工作职责

堤防工程管理单位在接到穿堤水(涵)闸调度运行指令后,要及时组织执行,做好记录,并及时反馈执行情况。

三、工作流程

控制运用流程一般包括指令下达、拟定调度方案、确定闸门启闭孔数和开度、闸门启闭操作、执行情况回复等。

(1)指令执行参考流程如图 5-1 所示。

(2)运行值班管理参考流程如图 5-2 所示。

四、注意事项

(1)控制运行只接受上级调度指令,不接受其他任何部门或个人的意见。

(2)闸门操作、机电设备运行过程管理符合本闸相关操作规程和有关规定。

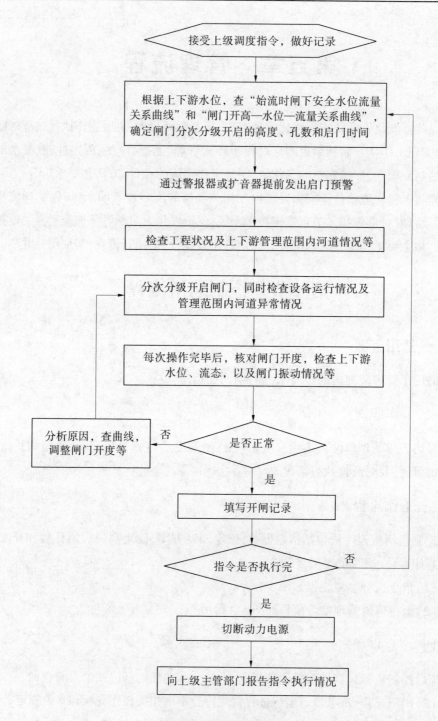

图 5-1 指令执行参考流程

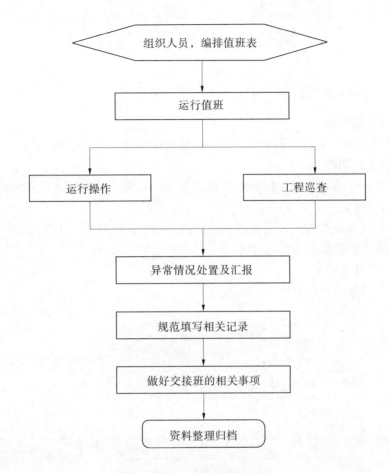

图 5-2　运行值班管理参考流程

（3）排涝闸在多雨季节有暴雨天气预报时，适时预降内河水位；汛期充分利用外河水位回落时机排水。

（4）汇总运行资料并分析存在问题，提高运行管理水平。

五、台账资料

台账资料包括：闸门启闭记录、值班记录、调度指令执行记录等。

第二节 检查观测流程

一、工程检查流程

(一)适用范围

适用于堤防工程经常检查、定期检查、特别检查和不定期检查工作。

(二)工作职责

(1)堤防工程管理单位根据工程技术管理规范和具体的技术管理细则,确定检查内容与频次。

(2)管理单位要按照有关要求,成立专门工作小组,了解工作任务、明确工作要求、落实工作职责,并加强监督检查。

(三)工作流程

(1)经常检查流程如图 5-3 所示。

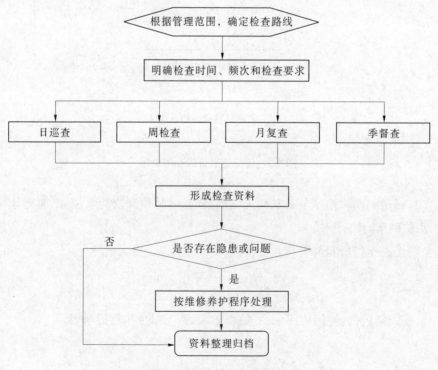

图 5-3 经常检查参考流程

(2)汛前检查参考流程如图 5-4 所示。

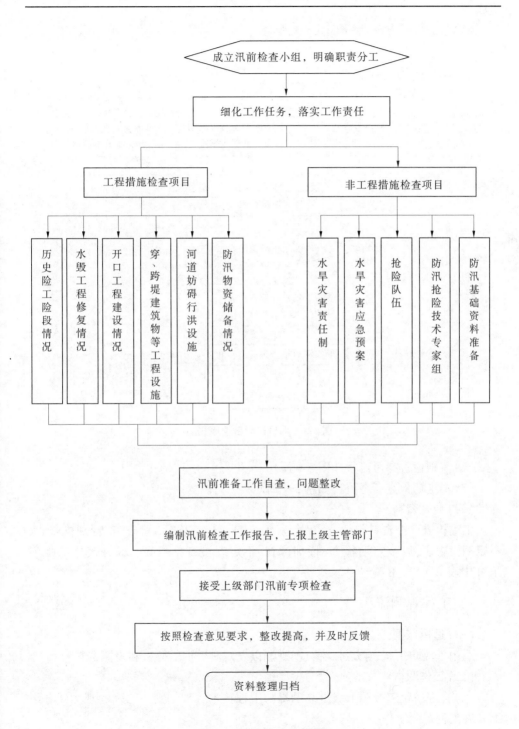

图 5-4　汛前检查参考流程

（3）汛后检查参考流程如图 5-5 所示。

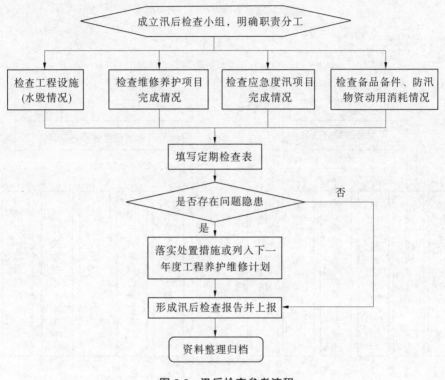

图 5-5　汛后检查参考流程

（4）特别检查参考流程如图 5-6 所示。

（5）不定期检查参考流程如图 5-7 所示。

（四）台账资料

工程检查台账资料包括：经常检查表、定期（汛前、汛后）检查表、特别检查表、不定期检查表，以及定期检查、特别检查、不定期检查报告等。部分表格参见附录 B 中表 B-1~表 B-5。

二、工程观测流程

（一）适用范围

适用于堤防工程、穿堤水（涵）闸观测以及观测数据的分析和观测资料整编。

（二）工作职责

（1）管理单位应按照上级批复的堤防工程技术管理细则中明确的观测任务组织开展工程观测工作。

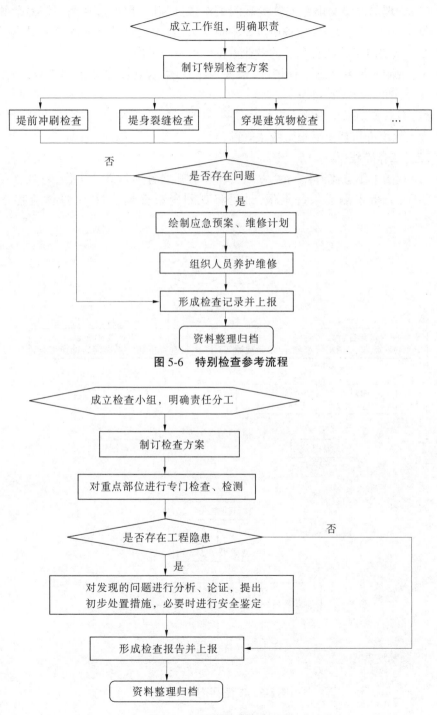

图 5-6　特别检查参考流程

图 5-7　不定期检查参考流程

(2)管理单位要安排专人负责观测工作,定期对工程进行观测。较复杂的观测任务,应根据工作需要,配备单位技术负责人、技术人员及其他配合人员进行观测工作。必要时可委托有资质的专业单位承担观测工作。

(3)观测人员要熟悉工程情况,掌握观测技术,对观测设备定期检查,确保其性能良好,随时可以投入使用。

(4)对观测结果由观测人员进行计算、校核、分析、汇编,单位负责人或单位技术负责人组织进行初审后报上级主管部门。

(三)工作流程

(1)观测工作总体流程一般为按照任务书开展各项目观测工作,对观测资料计算整理,分析观测成果并上报,最后将观测资料整编、归档。具体流程参见图5-8。

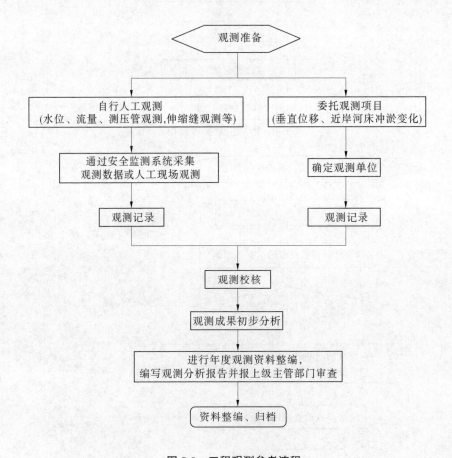

图 5-8　工程观测参考流程

（2）渗流观测（测压管观测）参考流程如图 5-9。

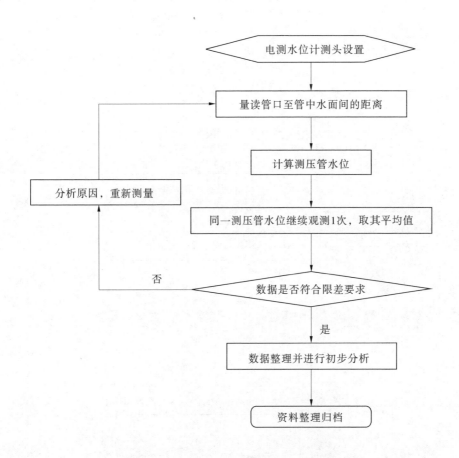

图 5-9　渗流观测（测压管观测）参考流程

（3）垂直位移观测参考流程如图 5-10 所示。

（4）近岸河床冲淤变化观测参考流程如图 5-11 所示。

（四）台账资料

工程观测台账资料包括：垂直位移观测标点布置示意图、垂直位移观测成果表、测压管位置示意图、测压管水位统计表、测压管水位过程线、河床断面布置图、河道断面位置示意图、河道断面观测成果表、河道断面比较图等。有关表格参见附录 B 中表 B-6~表 B-8。

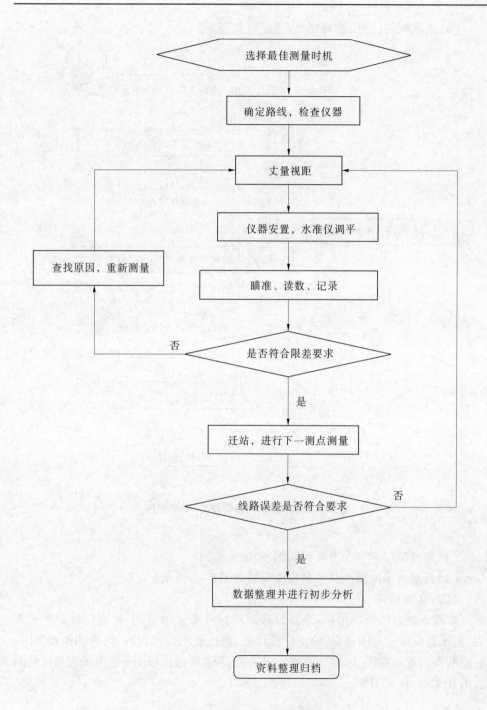

图 5-10 垂直位移观测参考流程

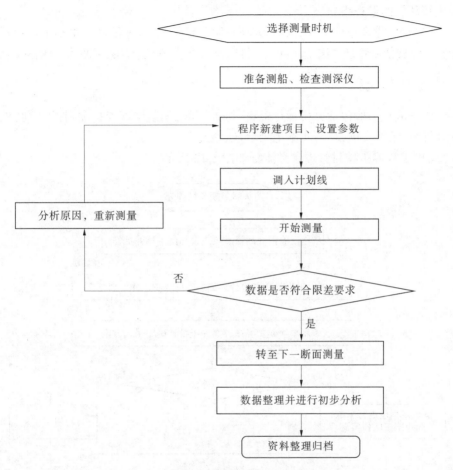

图 5-11　近岸河床冲淤变化观测参考流程

第三节　养护修理项目实施流程

一、适用范围

适用于堤防工程维修养护的项目管理和养护、维修。

二、工作职责

（1）维修养护项目实行统一管理、分级负责的原则。堤防工程管理单位对维修养护项目组织实施全过程管理。

（2）堤防管理单位应加强对所管堤防工程、穿堤建筑物、机电设备及附属设施等的检查，根据发现的问题编制维修养护计划，报上级批准后组织实施，并接受上级主管部门的督查指导。

（3）项目管理单位主要负责人为项目第一责任人，按省淮河局水利工程运行维护管理经费使用管理办法全面负责项目实施的质量、安全、经费、工期、资料档案管理。

三、工作流程

工作流程一般包括分析运行资料、检查资料，编制维修养护项目及计划，项目计划批复，组织实施，填写实施记录，台账整理等。

（1）工程养护项目管理参考流程如图 5-12 所示。

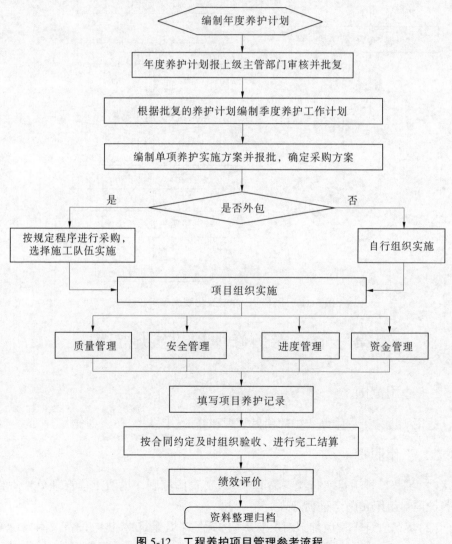

图 5-12　工程养护项目管理参考流程

（2）工程维修项目管理参考流程如图 5-13 所示。

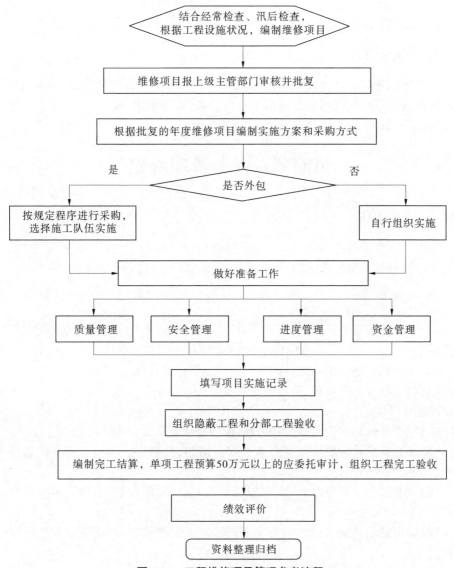

图 5-13 工程维修项目管理参考流程

四、注意事项

（1）维修养护项目实施实行项目负责制、合同管理制、完工验收制等制度。

（2）管理单位应成立专门的项目管理工作组,对项目实施的进度、质量、安全、经费及资料档案进行管理。

（3）管理单位应强化项目过程控制，开展工程质量、进度、安全、资金、档案等方面的跟踪和督查。

（4）工程维修养护结束后，管理单位要将相关技术资料进行整理、归档。

五、台账资料

工程维修养护项目管理台账资料包括：工程实施方案或设计文件，项目招标采购或依据内控制度确定施工方的相关资料、养护修理记录、施工合同、验收工作报告、验收鉴定书、第三方检测报告、审计报告等。

第四节　安全管理流程

一、适用范围

适用于水法规宣传、水事活动巡查、涉河建设项目管理、违章处置、安全检查、安全风险管控及隐患排查治理、安全评价、防汛管理、应急处置等工作。

二、工作职责

（1）加强水法规宣传，对管理范围巡视检查，及时制止并依法查处侵占、破坏工程设施的行为，加强工程设施保护，维护正常的工程管理秩序。

（2）对工程管理范围内批准的建设项目进行监督管理。

（3）建立健全安全管理、安全生产规章制度和安全操作规程，积极推进安全生产标准化建设。

（4）应严格执行安全生产管理法规，按照要求开展安全生产活动。

（5）按照安全管理要求落实好各类安全措施，开展安全风险管控及隐患排查治理，及时消除安全隐患。

（6）编制安全生产应急预案，并加强单位、部门间的协作，有效应对各类突发事件。

（7）根据堤防级别、类型、历史和保护区经济发展状况等，定期进行堤防安全评价。

（8）建立防汛办事机构，明确防汛职责，建立工作制度。

（9）成立应急处置组织机构，建立应急抢险队伍。

三、工作流程

（一）水法规宣传流程

水法规宣传流程包括制订水法规宣传方案，制作宣传标牌、材料，开展宣传工作，留有影像资料，形成记录。水法规宣传参考流程如图 5-14 所示。

（二）水事活动巡查流程

水事活动巡查具体流程为管理单位制订巡查方案,开展水事巡查,发现违法水事行为应及时制止,防止违法违规行为进一步扩大,并做好巡查记录。水事活动巡查参考流程如图 5-15 所示。

（三）涉河建设项目管理流程

涉河建设项目管理工作流程为堤防管理单位依据涉河建设方案行政许可、施工方案审查意见等文件,实施建设过程监管,参与涉河建设项目现场放样、专项验收,竣工资料备案存档、项目运行过程监管,建立涉河建设项目台账整理归档。涉河建设项目管理参考流程如图 5-16 所示。

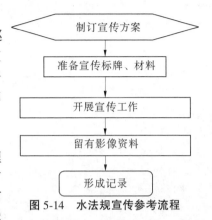

图 5-14　水法规宣传参考流程

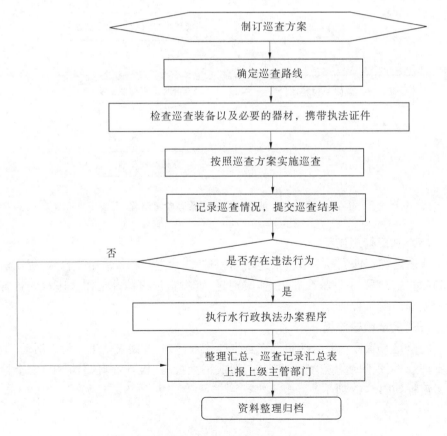

图 5-15　水事活动巡查参考流程

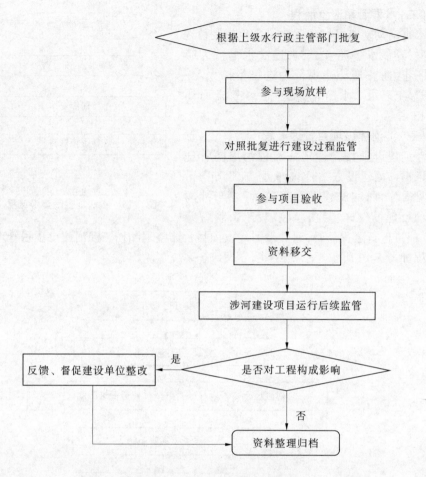

图 5-16　涉河建设项目管理参考流程

(四) 违章管理流程

违章处置管理流程一般包括违章问题排查、建立问题整治工作台账、提出清障计划和实施方案、下发整改通知、整改销号、资料整理归档等工作。违章处置管理参考流程如图 5-17 所示。

(五) 安全检查流程

安全检查流程一般包括制订安全生产检查计划、开展安全生产检查活动、填写检查记录、发现问题及落实整改措施、形成书面报告、检查资料归档等。安全检查参考流程如图 5-18 所示。

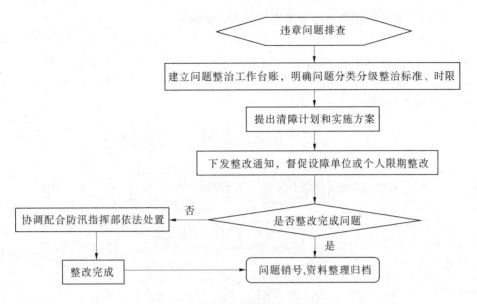

图 5-17　违章处置管理参考流程

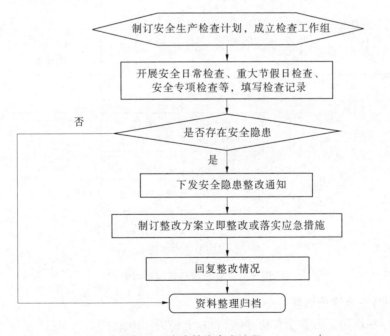

图 5-18　安全检查参考流程

(六) 安全风险管控及隐患排查治理工作流程

安全风险管控及隐患排查治理流程主要包括成立工作小组、制订工作方案、明确风险管控范围和方法、现场开展管控和排查、区分重大或一般危险源、对重大危险源按规定程序上报、形成辨识报告。安全风险管控及隐患排查治理参考流程如图 5-19、图 5-20 所示。

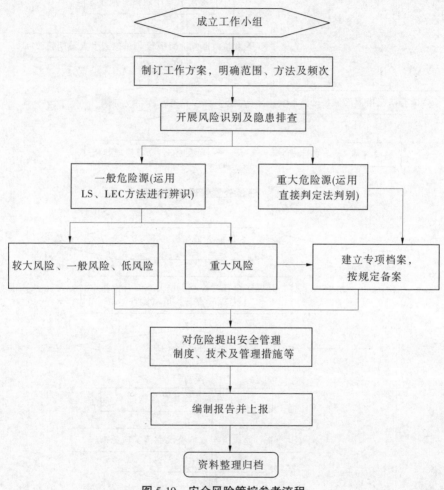

图 5-19 安全风险管控参考流程

(七) 安全评价流程

按照《堤防工程安全评价导则》(SL/Z 679—2015)的要求,堤防工程安全评价一般流程为制订安全评价计划、成立评价工作组、收集基础资料、开展现状调查、开展运行管理评价、工程质量评价、防洪标准复核、渗流安全性复核、结构安全性复核、开展工程安全综合评价、形成评价报告等。安全评价参考流程如图 5-21 所示。

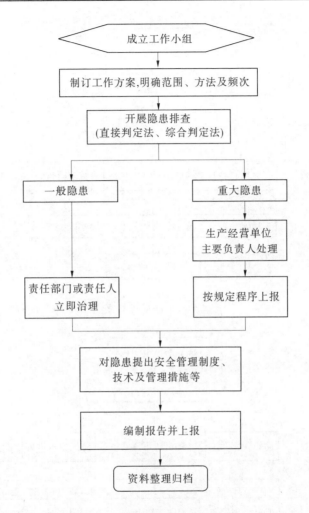

图 5-20 隐患排查治理参考流程

(八)防汛管理流程

防汛管理流程主要包括成立防汛组织机构、落实防汛责任制、开展汛前准备(工程检查、防汛预案落实、防汛队伍落实、防汛物料准备等)、开展汛期工作(汛期值班带班、关注工情雨情、开展巡堤查险等)、形成汛期工作记录等。防汛管理参考流程如图 5-22 所示。

(九)应急处置流程

应急处置流程主要包括险情发生、启动应急预案、开展应急处置、现场恢复、形成处置报告、资料收集归档。应急处置参考流程如图 5-23 所示。

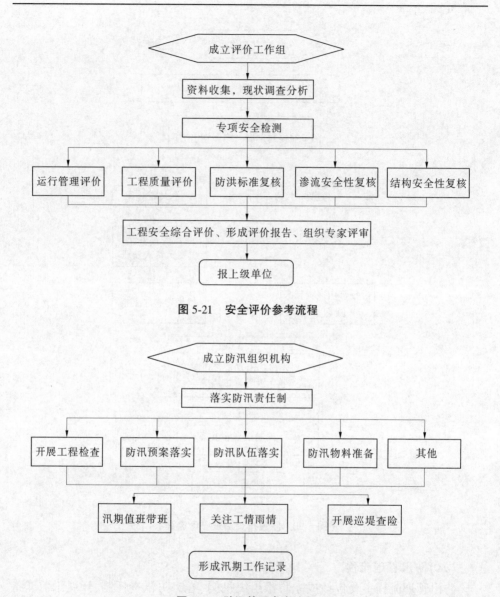

图 5-21　安全评价参考流程

图 5-22　防汛管理参考流程

四、注意事项

(1)应制订年度巡查方案,包括巡查范围、内容、频次、路线、要求、责任人和相关责任等。

(2)巡查人员在巡查过程中应注意对现场情况的记录,必要时采取拍照、摄像的方式记录现场情况,并将现场图片反映到巡查记录中。发现违法水事行为应注

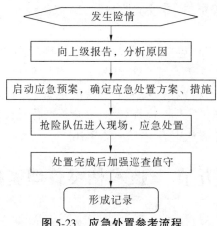

图 5-23　应急处置参考流程

意及时收集证据,严格遵守水法律法规的程序规定进行现场调查和勘验。

(3)巡查人员对巡查中发现的各类水事违法案件应及时处理。对于一般性问题,应当场制止,责令其整改。依据水法规及水行政执法权限,下发整改通知,应将下发整改通知送达至责任单位或个人。

(4)安全生产日常检查每月应开展 1 次,对检查中发现的不安全因素应及时解决。元旦、春节、五一、国庆、中秋等重大节假日及安全生产月期间组织开展安全生产大检查活动,重点检查工程安全运行、防火防盗、堤顶道路交通安全等。

(5)结合工程管理实际情况和管理特点,科学、系统、全面地开展危险源辨识与风险评价,对重大危险源和风险等级为重大的一般危险源应建立专项档案,并报上级主管部门备案。

(6)工程施工作业时应成立安全管理小组,配备专(兼)职安全员。与相关方签订安全生产协议,开展专项安全知识培训和安全技术交底,检查落实安全措施,规范作业行为。

(7)严重隐患的堤防应及时进行堤防安全评价。

(8)按规定做好汛前防汛检查;根据防洪预案,落实各项度汛措施,开展防汛演练;防汛基础资料齐全,图表(包括防汛指挥图、调度运用计划图表及险工险段等图表)准确规范;及时检修维护通信线路、设备,保障通信畅通。

(9)险情发现及时,报告准确,应急处置及时,措施得当。

五、台账资料

(1)水事活动巡查台账资料包括巡查记录、水行政巡查月报表等。部分表格参见附录 B 中表 B-9、表 B-10。

(2)涉河建设项目台账资料包括:涉河建设项目批复文件、立项文件、相关协

议、施工资料、巡查过程资料、专项验收资料、总结资料等。部分表格参见附录 B
中表 B-11。

(3)违章管理台账资料包括:违章处置前后的现场图片、整改通知文件、清障
计划、实施方案、总结资料等。

(4)安全生产台账资料包括:安全生产检查记录、安全会议记录、危险源辨识
与风险评价资料、隐患整改记录、检查总结、安全标准化建设台账资料、安全评价资
料等。部分表格参照附录 B 中表 B-12 ~ 表 B-16。

第五节　　技术档案管理流程

一、适用范围

适用于堤防工程管理单位档案资料收集、整理、归档等工作。

二、工作职责

(1)堤防工程管理单位应建立档案资料管理制度,由熟悉工程管理、掌握档案
管理知识并经培训取得上岗资格的专职或兼职人员管理档案。

(2)年底将本年度所有的试验记录、运行记录、维修养护记录等装订成册,保
证资料的完整性、正确性、规范性。

三、工作流程

技术档案管理流程为管理单位各部门将管理形成的技术档案资料交由档案部
门审核,档案部门审核接收后按档案管理规定负责档案归档的有关工作;档案借阅
需借阅人提出借阅申请,符合借阅规定的履行借阅手续,借阅完成后履行归还手
续。技术档案管理参考流程如图 5-24 所示。

四、注意事项

(1)归档的科技文件,须由文件形成单位或部门,指定专人进行收集整理后,
按规定移交或自行归档。

(2)对已接收或整理后的科技档案,本着便于保管、方便利用的原则,进行分
类、编目、登记,放置在专门的档案柜内,应做到排列整齐有序,并由专人保管。

(3)建立健全科技档案借阅、登记制度。档案借阅时需办理借阅登记手续,填
写借阅登记表。

(4)建立健全科技档案鉴定、销毁制度。

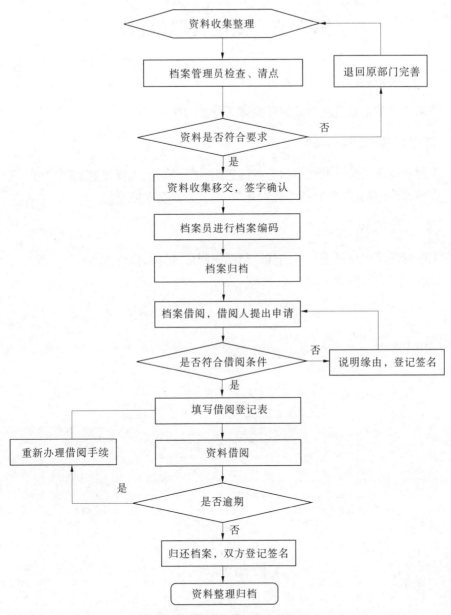

图 5-24 技术档案管理参考流程

五、台账资料

技术档案管理台账资料包括全引目录、案卷目录、档案借阅记录、档案销毁记录、档案室温、湿度记录等。部分表格参照附录 B 中表 B-17、表 B-18。

第六节　制度管理流程

一、适用范围

适用于堤防工程管理单位制度管理工作。

二、工作职责

管理单位建立健全并严格执行控制运用、工程检查、工程观测、维修养护、安全生产等相关工作制度,按照制度管人管事,不断完善制度体系。

三、工作流程

制度管理流程一般包括各类规章制度的制定、培训、执行、评估、持续改进等工作。制度管理参考流程如图 5-25 所示。

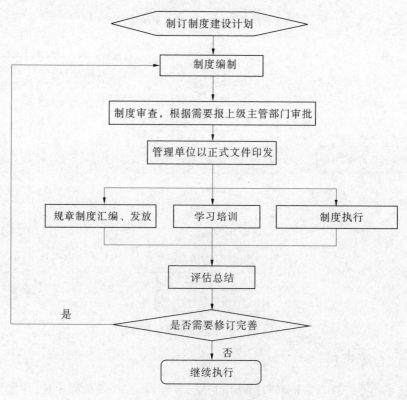

图 5-25　制度管理参考流程

四、注意事项

（1）下级制度不得与上级制度相抵触，与同级有关规章制度相协调。

（2）制度要切合实际，力求完整，形成体系。合理性、针对性和可操作性要强。

（3）文字表达应准确、简明、易懂、逻辑严谨，制度术语、符号、代号应统一，并与其他的相关管理制度相适应。

（4）应加强对制度适用性、有效性和执行情况的检查评估，及时修订完善，并持续改进。

五、台账资料

制度管理台账资料包括规章制度汇编、学习培训资料、总结资料等。

第六章　信息化建设

安徽省淮河河道管理信息化系统按照安徽省水利厅"统一技术标准、统一运行环境、统一安全保障、统一数据中心和统一门户"的"五统一"水利信息化建设总体要求,以省淮河局实际业务需求为中心,建成满足决策、管理和运行等需求的软硬件运行环境、支撑平台和保障体系,实现一级部署,多级应用,主要包括综合业务平台、业务应用系统、移动应用等。

第一节　信息化平台

安徽省淮河河道管理信息化系统平台是支撑省淮河局及所属单位业务应用的综合信息平台。

一、基本情况

(1)平台建设符合网络分区分级防护要求,水闸自动化控制系统、视频监视系统和业务应用系统分别布置在不同的网络区域。

(2)平台建立了完善的用户身份认证和权限管理体系,根据从事工作内容,为用户配置系统功能;根据用户所属单位管理职责,确定数据访问权限。

(3)平台界面风格统一,集成规范,各业务系统实现"一站式"登录,不同业务系统之间协同办公。

二、综合业务平台

综合业务平台主要包括首页、一张图、水闸水情查询、视频监视等。

(一)首页功能

首页是省淮河局综合办公信息窗口,集成 OA 办公系统、视频监视系统等内部信息化系统,实现各系统的单点登录。接收安徽省水利信息化平台推送的水情等数据,实现全省淮河水情重要站点数据的接入集成。

(二)一张图功能

一张图是在汇聚水利部、安徽省水利厅等单位地理信息资源的基础上整合、开发,服务于安徽省淮河河道管理的空间地理信息公共服务平台。通过平台实现淮河流域遥感地理信息及各类水利工程地理信息的查询。

(三)水闸水情查询功能

基于一张图,叠加省淮河局直管水闸水情、工情等数据,实现水情、工情实时在线监测。

(四)视频监视功能

基于一张图,叠加省淮河局建设的视频监视站点空间地理信息,实现视频站点地图定位和视频查看。

第二节　业务应用系统

一、河道管理系统

河道管理系统为河道管理和水行政执法工作提供信息化支撑,主要包括河道巡查、涉河建设项目管理、河道采砂监管、水事案件查处、河道测绘、其他业务和知识库等功能。

(一)河道巡查

河道巡查主要包括事件统计分析、视频巡查、日巡查、周检查、月复查、季督查、重点问题直报、清障成果管理等功能。

(1)事件统计分析实现对河道巡查过程中发生及处理河湖"四乱"问题按照不同的类型、问题程度、时间等进行统计和分析等功能。

(2)视频巡查实现利用固定视频监控对河道违法违规现象进行线上巡查,并实现违法违规情况的自动识别、问题自动告警以及问题上报等功能。

(3)日巡查实现基层管理段所(或水闸管理单位相关部门)河道、堤防日巡查发现的情况或问题、制止处置情况进行记录电子化及问题上报,日巡查情况查询与管理等功能。

(4)周检查实现局直水管单位周检查发现的问题、组织处置情况进行记录电子化和问题上报,周检查情况查询与管理等功能。

(5)月复查实现局采砂执法大队每月复核管理范围内问题处置情况的报送,以及新发现问题上报、反馈等功能。

(6)季督查实现局有关部门对局直水管单位或省局采砂执法大队报告的问题信息的及时梳理,对每季度问题督查管理,包括对已上报问题督查、新发现问题反馈等,形成问题台账。

(7)重点问题直报实现重点问题直接上报、重点问题查询、问题处置跟踪、问题反馈提醒、局领导批示等。

(8)清障成果管理实现对已处置完成的河道违法违规问题的处置结果查询、问题来源分类管理、处理数量统计等管理功能。

(二) 涉河建设项目管理

涉河建设项目管理主要包括申报指南、受理及决定、涉河建设项目监管、涉河建设项目专题图等功能。

(1) 申报指南包括涉河建设项目申报流程展示、申请材料要求上传、申报指南管理、申报指南查询等功能。

(2) 受理及决定包括申报项目登记、受理及决定管理、申报阶段提醒、审批状态查询等功能。

(3) 涉河建设项目监管包括项目过程资料管理、项目建设情况监管、局领导审核等功能。

(4) 涉河建设项目专题图基于安徽淮河一张图开发，提供展示涉河建设项目基本信息和完成情况等功能。

(三) 河道采砂监管

河道采砂监管主要包括采砂规划及实施方案管理、采砂许可管理、采砂执法巡查、采砂区专题图、采砂监管统计分析等功能。

(1) 采砂规划及实施方案管理包括采砂规划管理和采砂规划查询等功能。

(2) 采砂许可管理包括申请登记、受理及决定管理，采砂许可证查询，采砂许可统计等功能。

(3) 采砂执法巡查包括河道采砂日巡查记录、河道采砂管理月报。

(4) 采砂区专题图基于安徽淮河一张图开发，提供对省淮河局管理范围内可采区、禁采区监管敏感区等分布情况的查询功能。

(5) 采砂监管统计分析实现按区域、时段对发生的采砂事件进行统计分析等功能。

(四) 水事案件查处

水事案件查处主要包括刑事司法对接和案件信息管理功能。

(1) 刑事司法对接实现涉及刑事案件的移交等统计查询功能。

(2) 案件信息管理包括案件基础信息管理，案件资料的编辑、导出、上传、下载、删除等管理功能。

(五) 河道测绘

河道测绘主要包括测绘成果管理和测绘成果对比分析功能。

(1) 河道测绘成果管理实现河段观测数据和测绘断面布置数据的导入、导出等管理，以及测绘报告的上传、删除等管理功能。

(2) 测绘成果对比分析提供河道测绘成果对比分析功能、河道地形变化统计功能，以及测绘报告的查询管理等功能。

(六) 其他业务

其他业务主要包括合法性审查和信用信息管理。

（1）合法性审查实现对行政许可、行政处罚等重大水政执法决定的合法性审核结果的管理。

（2）信用信息管理对涉河建设项目建设单位等涉河事务当事人、采砂经营者及其从业人员等建立信用信息数据，对其不良行为进行记录，为业务办理工作提供有效的信用凭证。

（七）知识库

知识库提供文件的导入、导出、增加、删除、查询等功能；实现对河道管理工作涉及的法律法规及规章、规范性文件、部门文件，以及工作经验、成功案例等各类资料的管理和共享应用。

二、运行管理系统

运行管理系统主要满足于工程运行工况监视、工程安全监测、日常巡查、维修养护等业务需求，包括视频监控、运行工况、启闭操作、工程检查、工程观测、维修养护、工程信息查询以及运行管理知识库等功能。

（一）视频监控

视频监控主要包括大中型水闸视频监视、小型涵闸视频监视、堤防工程视频监视等功能。

（1）大中型水闸视频监视实现对大中型水闸的启闭机房、水闸上下游、闸门、管理区等关键部位的实时视频监视。

（2）小型涵闸视频监视实现对小型涵闸上下游水面、启闭机房、交通桥等关键部位的实时视频监视。

（3）堤防工程视频监视实现对重点河段堤防、险工险段等实时视频监视。

（二）运行工况

运行工况实现水闸工情信息、设备状态、水情信息实时监视以及自动预警、时段统计等功能，包括水闸工况实时监视、水闸工况时段查询。

（1）大中型水闸工况实时监视实现对大中型水闸的工情信息、水情信息等的实时监视和自动告预警。

（2）小型涵闸工况实时监视实现对小型涵闸的闸门开启情况、内外河水位、过闸流量等进行实时监视和自动告预警。

（3）大中型水闸工况时段查询提供按时间段查询大中型水闸运行工况，包括按时、日、旬、月、年等分时段统计数据。

（4）小型涵闸工况时段查询提供按时间段查询小型涵闸运行工况，包括按时、日、旬、月、年等分时段统计数据。

（三）启闭操作

启闭操作主要包括启闭运行记录、闸门操作日志。

(1)启闭运行记录提供录入、修改、删除、查询启闭运行记录的功能。

(2)闸门操作日志提供查询闸门历史操作信息。

(四) 工程检查

工程检查实现对工程日常检查、定期检查、专项检查等工作的管理,包括大中型水闸检查、小型涵闸检查、堤防工程检查及检查情况统计等功能。

(1)工程检查通过 PC 端或手机 APP 端录入检查情况,上报存在的问题,支持拍照和视频并上传,且提供检查记录的查询、管理等功能。

(2)检查情况统计提供分工程统计局直单位日常巡查、周检查和定期检查完成情况的功能,实现监管一目了然。

(五) 工程观测

工程观测实现对水情观测、工程安全观测等人工观测数据的录入和查询,以及工程安全自动监测信息的查询统计。主要包括工程安全自动监测、大中型水闸工程观测、小型涵闸水位观测、堤防工程观测、河道水情观测等功能。

(1)工程安全自动监测提供对水闸工程安全自动化监测数据的查询统计和对比分析功能。

(2)大中型水闸工程观测提供水位、流量、垂直位移、气温、伸缩缝、引河河道地形、扬压力等观测数据录入和对比分析;对有自动观测设施的水闸,提供人工录入数据与自动监测数据的对比分析。

(3)小型涵闸水位观测提供水位数据人工录入、水位数据时段查询、人工录入与自动监测数据对比分析。

(4)堤防工程观测实现对堤防垂直位移观测数据的管理、查询和统计。

(5)河道水情观测实现河道重要水情站点水情观测数据的管理、查询和统计。

(六) 维修养护

维修养护实现对水利工程维修养护工作的信息化管理,主要包括项目库管理、重点项目实施管理、日常养护管理、养护修理管理、运维经费使用管理和重点项目统计分析等功能。

(1)项目库管理实现维修养护项目的新增、修改、删除、查询等功能。

(2)重点项目实施管理实现对维修养护重点项目实施全过程的动态监管,主要包括重点项目信息登记、重点项目实施情况查询等功能。

(3)日常养护管理实现工程日常养护记录的电子化,提供手机 APP 拍照和视频上传功能,真实记录日常养护现场情况。

(4)养护修理管理实现工程养护修理记录的电子化,提供手机 APP 拍照和视频上传功能,真实记录养护修理现场情况。

(5)运维经费使用管理实现对年度运行维护经费使用进度进行管理及统计。包括运维经费使用进度管理、运维经费使用进度统计。

（6）重点项目统计分析提供按照管理单位和年份分别对重点维修养护项目的完成情况、养护费用分布情况等进行统计分析的功能。

（七）工程信息

工程信息实现对大中型水闸、小型涵闸、堤防工程等基础信息的查询功能。

（八）知识库

知识库提供文件的导入、导出、增加、删除、查询等功能；实现对工程运行管理工作涉及的法律法规及规章、规范性文件、部门文件以及工作经验、成功案例等各类资料的管理和共享应用。

三、水旱灾害防御系统

水旱灾害防御系统包括工程调度、防汛检查、防汛抢险、防汛抗旱物资、水旱灾害防御知识库等功能。

（一）工程调度

工程调度主要包括视频监视、水闸调度、水情信息等功能。

（1）视频监视实现对河段、水闸等已建视频监测信息的实时查看，为重点河段汛情、重点堤防工程险情、重要水闸等提供现场实况信息。

（2）水闸调度实现省淮河局调令的下达、审核，局直单位对省局调令的接收；实现局直单位内部工程具体调度信息的录入、查询和推送。

（3）水情信息实现对工程调度相关的时段水情信息的查询，以及超警水位、超保水位的预警。

（二）防汛检查

防汛检查包括汛前（后）检查上报、汛前（后）检查报告管理、汛前（后）检查重点问题统计等功能。

（1）汛前（后）检查情况上报实现定期检查表的上传、编辑、下载、查询等功能。

（2）汛前（后）检查报告管理实现检查报告的录入或对检查报告文件进行上传，实现检查报告的电子化，方便后期对检查报告的检索、查询和查看。

（3）汛前（后）检查重点问题统计提供汛前（后）检查重点问题上报及统计功能，根据上报的检查重点问题，生成检查重点问题统计表。

（三）防汛抢险

防汛抢险主要包括防汛值守、险工险段、抢险技术及抢险队伍等功能。

（1）防汛值守实现对防汛责任制安排表的管理、值班人员值班工作的全流程管理和监管，包括防汛责任制安排管理、防汛值班排班、防汛值班记录管理等功能。

（2）险工险段包括险工险段信息管理、险情图片管理以及应急预案管理。

（3）抢险技术包括防汛基本知识管理、防汛基本知识查询、防汛抢险技术管理、防汛抢险技术查询、防汛抢险案例管理、防汛抢险案例查询。

(4)抢险队伍提供对抢险队伍的管理和查询功能。

(四)防汛抗旱物资

防汛抗旱物资主要包括物资储备、物资调运、物资管理、仓库管理等功能。

(1)物资储备管理实现对各类防汛抗旱物资储备情况及物资储备分布的查询、统计。

(2)物资调运管理实现对物资调运预案及物资调运示意图的查询和管理。

(3)物资管理实现物资的动态管理,包括物资的更新补充、调运、报废处理等。

(4)仓库管理实现对各类仓库日常运行的监管。

(五)知识库

知识库提供文件的导入、导出、增加、删除、查询等功能;实现对水旱灾害防御工作涉及的法律法规及规章、规范性文件、部门文件,以及工作经验、成功案例等各类资料的管理和共享应用。

四、安全与质量管理系统

安全与质量管理系统为水利工程建设和运行管理过程提供安全生产指导、质量监督监管和安全等级评定等安全与质量保障措施。主要包括安全生产、质量监督、安全管理和知识库等功能。

(一)安全生产

安全生产包括安全生产组织机构及制度、安全生产教育培训、隐患排查整改台账管理、事故报表管理、安全生产标准化管理、危险源辨识管理。

(1)安全生产组织机构及制度包括组织机构配置、安全责任人、人员分工等信息,提供上述信息的录入、删除、修改、查询等功能。安全生产制度管理包括水利行业相关的各类安全生产的制度,为其提供制度文档的录入、下载、删除、修改等管理功能。

(2)安全生产教育培训管理实现对安全生产教育电子资源的分类管理,包括文档录入、下载、删除、修改等管理功能。

(3)隐患排查整改台账管理提供隐患排查台账的填报、审批、审核、查询等功能。

(4)事故报表管理提供事故报表的填报、审批、审核、查询等功能。

(5)安全生产标准化管理提供安全生产标准化信息的录入、删除、修改、查询功能。

(6)危险源辨识管理,提供危险源辨识信息的录入、删除、修改。实现对危险源、风险点排查情况的登记管理。

(二)质量监督

质量监督包括质量监督制度管理、重点工程监督、涉河工程监督等功能。

(1)质量监督制度管理提供质量监督制度管理信息的录入、删除、修改,实现对质量监督制度的管理与查询。

（2）重点工程监督提供重点工程监督信息的录入、删除、修改。实现对重点水利工程建设和运行过程的监督管理,主要包括重点项目的监督书、监督计划、项目划分批复、监督检查、质量问题的整改台账、关键部位及重点隐蔽单元验收、分部验收、单位验收情况的管理。

（3）涉河工程监督实现对涉河工程建设和运行过程的监督管理,主要包括对涉河建设项目的监督书、监督计划、项目划分批复、监督检查、质量问题整改台账、关键部位及重点隐蔽单元验收、分部验收、单位验收情况的管理。

（三）安全管理

安全管理包括设备管理等级评定、水闸安全鉴定、堤防工程安全评价和划界确权等功能。

（1）设备管理等级评定主要是对大中型水闸设备等级评定报告进行管理和查询。

（2）水闸安全鉴定主要是对水闸安全鉴定类别和水闸安全鉴定报告进行管理和查询。

（3）堤防工程安全评价主要是对堤防安全评价类别和堤防安全评价报告进行管理和查询。

（4）划界确权管理主要是对确权证书和划界图纸进行管理和查询。

（四）知识库

知识库提供文件的导入、导出、增加、删除、查询等功能;实现对安全与质量管理工作涉及的法律法规及规章、规范性文件、部门文件,以及工作经验、成功案例等各类资料的管理和共享应用。

第三节　移动应用

移动应用为河道管理、运行管理、水旱灾害防御以及日常办公等业务工作提供移动化支撑服务。结合实际功能需求以及日常管理需求,将工作中使用频率较高、核心的业务功能集成到移动终端,提高信息的传递、接收、处理的及时性与准确性。主要包括移动首页、移动巡查、基础信息等功能。

（1）移动首页主要包括待办任务、通知公告、工作安排、河道水情、运行工况、降水预报、实时视频、通讯录等功能模块。

（2）移动巡查主要包括河道巡查、运行管理和防汛检查等三项,具体有日巡查、周检查、月复查、季督查、河道采砂管理、涉河建设项目监管、日常养护、养护修理、启闭运行记录、物资仓库管理、值班记录、水闸调度等常用功能。

（3）基础信息实现对大中型水闸工程、小型涵闸和堤防工程等基础信息的查询。

第四节　使用管理

一、权限分配

（1）省淮河局信息化管理部门为局机关各部门、局直单位分配各自系统管理员权限；系统管理员根据业务工作实际，为业务人员分配相应操作和维护权限；系统相关人员不得超权限开展工作。

（2）局机关各部门、局直各单位系统管理人员应加强业务人员权限管理，对岗位发生变动的业务人员，及时调整系统功能授权范围。

二、系统使用

（1）局机关各部门、局直各单位应充分利用系统资源，对河道、堤防、水闸等工程日常管理情况实现在线监管；积极推进各类检查电子台账的运用，逐步取消现有纸质记录本，可每月集中打印一次，每年集中一次整编归档。

（2）信息化系统使用过程中遇到问题，业务人员应及时与省淮河局相关业务部门联系，涉及系统功能优化事宜，由省淮河局业务部门提出优化事项，省淮河局信息化管理部门组织对系统进一步完善；涉及系统运行问题，由系统管理员向省淮河局信息化管理部门反馈。

（3）局机关各部门、局直各单位业务人员应定期校核系统数据的准确性，工程基础信息发生变化时，由系统管理员报省淮河局信息化管理部门联系修改，监测监控信息、管理信息等数据发生变化由各单位（部门）自行修改，数据更新应及时、完整。

（4）局机关各部门、局直各单位要将系统使用纳入日常工作内容和年度考核内容。

第五节　系统更新与完善

按照"统一标准、统一建设、统一维护"的原则，省淮河局信息化管理部门开展安徽省淮河河道管理信息化系统建设、管理与维护工作，局直各单位应根据实际情况，做好信息化软硬件设备的日常维护，及时反馈信息化使用过程中存在的问题和新的信息化应用需求，推动安徽省淮河河道管理信息化系统逐步更新、完善。

（1）每年汛前由省淮河局信息化部门组织信息化运维单位开展汛前检修，对需要更新的设备进行统计，省淮河局信息化管理部门统筹做好设备更新工作。

（2）局直各单位根据工作的实际需求，向局业务部门提出信息化需求，局业务部门核实后于每年 6 月前报局信息化管理部门,局信息化管理部门确定相关技术参数,编报下一年度信息化系统的完善计划。

(3)局直各单位在信息化系统更新、完善过程中,应充分利用其他单位已建信息化资源,在保证网络安全的前提下,局信息化管理部门负责数据接入共享。

第六节　安全管理

省淮河局网络安全管理坚持"谁运行谁负责,谁使用谁负责"和"最小权限"原则,省淮河局信息化管理部门负责网络安全的统一管理,局直各单位应按照省淮河局的统一部署积极开展网络安全工作。

(1)省淮河局信息化管理部门负责全局内网网络安全设备管理,及时升级、更新软硬件设施和数据,提高系统的整体防御能力;定期组织开展安徽省淮河河道管理信息化系统等级测评和安全防护工作;督促局直单位开展网络设备及其运行环境的日常维护工作。

(2)局直各单位应加强接入内网设备的管理,在新设备接入内网前应提前向省淮河局报备,待同意后方可接入。严禁非专业人员、未经允许的前提下,将 U盘、笔记本电脑等外联设施设备接入水闸现地控制层。

(3)安徽省淮河河道管理信息化系统使用人员应加强信息化系统和 VPN 账号、密码管理,增强密码强度,提高防护能力。

附录 A　水利工程标准化管理评价办法及其评价标准

水利工程标准化管理评价办法

第一条　为加强水利工程标准化管理,科学评价水利工程运行管理水平,保障工程运行安全和效益充分发挥,依据《关于推进水利工程标准化管理的指导意见》,制定本办法。

第二条　水利工程标准化管理评价(以下简称标准化评价)是按照评价标准对工程标准化管理建设成效的全面评价,主要包括工程状况、安全管理、运行管护、管理保障和信息化建设等方面。

第三条　本办法适用于已建成运行的大中型水库、水闸、泵站、灌区、调水工程以及 3 级以上堤防等工程的标准化管理评价工作。其他水库、水闸、堤防、泵站、灌区和调水工程参照执行。

第四条　水利部负责指导全国水利工程标准化管理和评价,组织开展水利部标准化评价工作。

流域管理机构负责指导流域内水利工程的标准化管理和评价,组织开展所属工程的标准化评价工作,受水利部委托承担水利部评价的具体工作。

省级水行政主管部门负责本行政区域内所管辖水利工程标准化管理和评价工作。

第五条　标准化评价按水库、水闸、堤防等工程类别,分别执行相应的评价标准。

泵站、灌区工程标准化评价按照《水利部办公厅关于印发大中型灌区、灌排泵站标准化规范化管理指导意见(试行)的通知》(办农水〔2019〕125 号)执行。调水工程评价标准另行制定。

第六条　省级水行政主管部门和流域管理机构应按照水利部确定的标准化基本要求,制定本地区(单位)水利工程标准化管理评价细则及其评价标准,评价认定省级或流域管理机构标准化管理工程。

第七条　水利部评价按照水利部评价标准执行,申报水利部评价的工程,需具备以下条件:

(一)工程(包括新建、除险加固、更新改造等)通过竣工验收或完工验收投入运行,工程运行正常;

(二)水库、水闸工程按照《水库大坝注册登记办法》和《水闸注册登记管理办法》的要求进行注册登记；

（三）水库、水闸工程按照《水库大坝安全鉴定办法》和《水闸安全鉴定管理办法》的要求进行安全鉴定，鉴定结果达到一类标准或完成除险加固，堤防工程达到设计标准；

（四）水库工程的调度规程和大坝安全管理应急预案经相关单位批准；

（五）工程管理范围和保护范围已划定；

（六）已通过省级或流域管理机构标准化评价。

第八条　水利部评价实行千分制评分。通过水利部评价的工程，评价结果总分应达到 920 分（含）以上，且主要类别评价得分不低于该类别总分的 85%。

第九条　省级水行政主管部门负责本行政区域内所管辖水利工程申报水利部评价的初评、申报工作。

流域管理机构负责所属工程申报水利部评价的初评、申报工作。

部直管工程由工程管理单位初评后，直接申报水利部评价。

第十条　申报水利部评价的工程，由水利部按照工程所在流域委托相应流域管理机构组织评价。流域管理机构所属工程，由水利部或其委托的单位组织评价。

第十一条　水利部和流域管理机构建立标准化评价专家库，评价专家组从专家库抽取评价专家的人数不得少于评价专家组成员的三分之二；被评价工程所在省（自治区、直辖市）或所属流域管理机构的评价专家不得担任评价专家组成员。

第十二条　通过水利部评价的工程，认定为水利部标准化管理工程，进行通报。

第十三条　通过水利部评价的工程，由水利部委托流域管理机构每五年组织一次复评，水利部进行不定期抽查；流域管理机构所属工程由水利部或其委托的单位组织复评。对复评或抽查结果，水利部予以通报。

省级水行政主管部门和流域管理机构应在工程复评上一年度向水利部提交复评申请。

第十四条　通过水利部评价的工程，凡出现以下情况之一的，予以取消。

（一）未按期开展复评；

（二）未通过复评或抽查；

（三）工程安全鉴定为三类及以下（不可抗力造成的险情除外），且未完成除险加固；

（四）发生较大及以上生产安全事故；

（五）监督检查发现存在严重运行管理问题；

（六）发生其他造成社会不良影响的重大事件。

第十五条　本办法由水利部负责解释。

第十六条　本办法自发布之日起施行。《水利工程管理考核办法》及其有关考核标准（2019 年修订发布，2021 年部分修改）同时废止。已通过水利部水利工程管理考核验收的，在达到规定复核年限前依然有效。

堤防工程标准化管理评价标准

类别	项目	标准化基本要求	评价内容及要求	水利部评价标准	
				标准分	评价指标及赋分
工程状况（240分）	1.堤身	①堤顶、堤肩完整平顺，无杂草、垃圾。②堤坡无明显凹陷、起伏等	堤身断面、护堤地宽度保持设计或竣工验收的尺寸；堤肩线直、弧圆；堤坡平顺；堤身无裂缝、冲沟、无洞穴，无杂物垃圾堆放；护堤地边界明确	40	①堤身断面（高程、顶宽、堤坡）、护堤地（面积）未保持设计或竣工验收尺寸，每项（处）扣5分，最高扣20分。②堤顶、堤肩线不顺畅，扣5分。③堤坡不平顺，有明显凹陷、起伏等，扣5分。④发现堤身裂缝、冲沟、洞穴、堆放杂物垃圾等情况，每处扣5分，最高扣10分
	2.堤防道路状况（240分）	①堤防道路完整、平坦。②满足防汛抢险通车要求	堤防道路畅通，满足防汛抢险通车要求；堤顶（后戗、防汛路）路面完整、平坦，无坑，无明显凹陷和波状起伏，雨后无积水；上堤辅道与堤坡交线顺直、规整，未侵蚀堤身	30	①堤防道路路面不平，明显凹陷，雨后有积水，扣10分。②堤顶路面或上堤辅道路面有裂缝、坑洼等情况，扣10分。③上堤辅道与堤坡交线不规整，每处扣5分，最高扣10分
	3.堤岸防护工程	①堤岸防护工程封顶严密。②表面无明显凹陷、淮坑及局部砌石松动变形或脱落等现象	堤岸防护工程（护坡、护岸、丁坝、护脚等）无缺损、无坍塌，无松动；堤面平整；护坡平顺，工程整洁美观	40	①工程有缺损、坍塌、松动，每处扣5分，最高扣15分。②堤面不平整，扣10分；护坡不平顺，扣10分。③工程上杂草丛生、脏、乱、差，扣5分

续表

水利部评价标准

类别	项目	标准化基本要求	评价内容及要求	标准分	评价指标及赋分
一　工程状况（240分）	4.穿堤建筑物	穿堤建筑物堤段无明显沉降、裂缝、空隙、渗重大缺陷和隐患	穿堤建筑物堤段无重大隐患;穿堤建筑物(桥梁、涵闸、等)符合安全运行要求;金属结构及启闭设备养护良好,运转灵活;混凝土无老化,破损现象;堤身与建筑物联结可靠,接合部无隐患,无不均匀沉降裂缝,空隙、渗漏等现象;非直管穿堤建筑物情况清楚,责任明确,安全监管到位	40	①穿堤建筑物不符合安全运行要求,扣10分。②启闭机运转不灵活,各类金属构件严重锈蚀,扣5分。③混凝土老化、破损、裂缝,每处扣5分,最高扣10分。④发现明显沉降,渗漏等现象,扣10分。⑤非直管穿堤建筑物情况不清楚,安全监管不到位,扣5分
	5.生物防护工程	①堤(坝)坡草皮整齐无缺失,无高秆杂草。②工程管理范围内,林木种类、布局符合《堤防工程管理设计规范》要求,宜绿化区域绿化率达80%以上	工程管理范围内树、草种植合理,宜植防护林的地段形成生物防护林系;堤(坝)坡草皮整齐,无高秆草;堤身草皮(有堤肩边坡的除外)每侧宽0.5 m以上;林木缺损小于5%,无病虫害;有计划对林木进行间伐更新	30	①堤(坝)坡草皮不整齐,有高秆杂草等,扣5分。②宜植地段未形成生物护林系,扣2分。③宜绿化区域绿化率达不到80%,扣3分。④堤(坝)坡草皮不满足要求,扣2分。⑤林木缺损率高于5%,每缺损5%扣5分,最高扣10分。⑥发现病虫害未及时处理或更新无计划,扣5分。⑦林木间伐处理效果不好,扣3分
	6.工程排水系统	①排水设施齐全,系统完善。②堤防工程排水畅通	工程排水畅通;按规定各类工程排水沟、减压井,排水沟齐全,畅通,沟内杂草,杂物清理及时,无堵塞、破损现象	20	①工程排水系统不完善,扣15分。②排水沟、减压井,排水沟杂草,淤堵,破损,扣5分

续表

类别	项目	标准化基本要求	评价内容及要求	水利部评价标准	
				标准分	评价指标及赋分
一工程状况（240分）	7. 办公设施和环境	有必要的办公场所	管理用房及配套设施完善，管理有序；管理单位庭院整洁，环境优美；绿化程度高；按《堤防工程管理设计规范》配备相应的管理设施设备	20	①管理用房及文体等配套设施不完善或管理混乱，扣5分。②管理单位（包括基层站所、段等）办公、生产、生活等环境较差，扣5分。③环境绿化不足或存在乱放垃圾杂物现象，扣5分。④未按规范配置相应的管理设施设备，扣5分
	8. 标志标牌	①设置有工程简介牌 ②设置有安全警示牌	标志标牌设置合理；按照《堤防工程管理设计规范》要求设置各类工程管理标志标牌，标志标牌规范统一，布局合理，埋设牢固，齐全醒目	20	①标志标牌（里程桩、禁行杆、限速（重）牌、分界牌、险工险段及工程简介牌等）不规范、不统一，扣10分。②标志标牌布局不醒目，扣5分。③标志标牌埋设不牢固，埋设位置不合理，扣5分
二安全管理（340分）	9. 信息登记	按规定完成堤防信息登记	开展堤防信息登记；登记信息完整准确，更新及时	30	①未开展信息登记，此项不得分。②登记信息不完整、不准确，扣10分。③登记信息更新不及时，扣10分。④险工险段信息未及时上报更新，扣10分
	10. 工程标准	堤防工程达到设计防洪标准	堤防工程已完工或已达标加固，堤身断面、堤顶（后戗、防汛道路）满足设计要求	20	达不到设计防洪（或竣工验收）标准，按长度计，每扣10%扣5分，最高扣20分
	11. 隐患排查治理及险工险段管理	①险点隐患记录清楚，险工险段判别准确。②险点隐患及时处理。③险工险段落实应度汛措施和应急处置方案	按规定开展隐患排查和险工险段判别，工程险点隐患和险工险段情况清楚；险点隐患及时处理；险工险段落实度汛措施和应急处置方案；根据需要及时开展安全评价	50	①工程险点隐患和险工险段情况不清楚，扣15分。②险点隐患未及时处理，险工险段未落实度汛措施和应急处置预案，扣20分。③重点险段或险工险段未按《堤防工程安全评价导则》要求评价，扣15分

续表

类别	项目	标准化基本要求	评价内容及要求	水利部评价标准	
				标准分	评价指标及赋分
二 安 全 管 理（340 分）	12. 工程划界	①工程管理范围完成划定，完成公告并设有界桩。②工程保护要求明确	按照规定划定工程管理范围和保护范围（实地桩或电子桩）和公告牌，保护范围和保护范围内土地使用权属明确	35	①未完成工程管理范围划定，此项不得分。②工程管理范围周界和公告牌设置不合理，不齐全，扣 10 分。③工程保护范围划定率不足 50%扣 10 分，未划定扣 15 分。④土地使用权领取证率低于 60%，每低 10%扣 2 分，最高扣 10 分
	13. 涉河建设项目和活动管理	掌握河道管理范围内建设项目和活动情况，开展巡查	依法对涉河建设项目和活动开展巡查；河道滩地、岸线开发利用符合流域综合规划有关规定；掌握河道管理范围内建设项目和活动情况；建设项目审查、审批及竣工验收资料齐全；发现违法活动，及时制止、上报，配合查处工作	25	①违法违规利用岸线和滩地，扣 10 分。②对河道内建设项目和活动情况不掌握，扣 5 分。③日常巡查不力，扣 5 分。④建设项目资料不全，扣 5 分
	14. 河道清障	对河道内阻水林木和高秆作物、阻水建筑物的基本情况清楚，并已采取相关措施	对河道内阻水林木和高秆作物、阻水建筑物的种类、规模、位置、设障单位等情况清楚；及时提出清障方案并督促完成清障任务；无违规设障现象	20	①对河道内阻水林木和高秆作物、阻水建筑物筑物情况不清楚，扣 10 分。②无清障计划或方案，扣 5 分。③对违规设障制止不力，扣 5 分
	15. 保护管理	①开展水事巡查，处置发现问题。②工程管理范围内无违规建设行为。③工程管理与保护范围内无危害工程运行安全的活动	依法开展工程管理范围和保护范围巡查，发现水事违法行为及时制止并做好调查取证，及时上报；配合查处工作，工程管理范围内无违规建设行为；工程管理与保护范围运行安全的活动	30	①未有效开展工程巡查工作，巡查不到位，记录不规范，扣 5 分。②发现问题未及时有效制止，扣 5 分；调查取证、报告检查配合查处不力，扣 5 分。③未开展必要的水法规宣传培训，扣 5 分。④工程管理范围内有违规建设行为，扣 5 分。⑤工程管理与保护范围内有危害工程运行安全行为的活动，扣 5 分

续表

类别	项目	标准化基本要求	水利部评价标准		
			评价内容及要求	标准分	评价指标及赋分
二、安全管理（340分）	16. 防汛组织	①建立防汛责任制。②防汛抢险队伍落实，职责明确	防汛责任制落实，组织体系健全；防汛抢险队伍落实，职责清晰，任务明确，定期培训	20	①防汛责任制不落实，组织体系不健全，扣10分。②防汛抢险队伍不落实，职责不清晰，任务不明确，扣5分。③防汛抢险队伍未开展培训，扣5分
	17. 防汛准备	①按要求编制所辖范围的防洪预案。②适时开展防汛演练	按规定做好汛前防汛检查；根据防洪预案，落实各项度汛措施，开展防汛演练；基础资料齐全，图表（包括防汛指挥图，调度运用计划图及及险工险段等图表）准确规范；及时检修维护通信线路、设备，保障通信畅通	20	①未开展汛前检查，扣5分。②防洪预案、度汛措施不落实，未开展防汛演练，扣5分。③基础资料不全、图表不规范，设备检修不及时，通信系统运行不可靠，扣5分
	18. 防汛物料	①有明确的防汛物料管理人员。②防汛物料储备满足要求，管理有序	防汛物料储备制度健全，落实专人管理；物料储备满足要求，仓储规范，齐备有序，存放良好；抢险设备、器具完好；有防汛物资或防汛物资储备分布图或防汛物资抢险调运图，调运及时，方便	20	①防汛物料储备制度不健全，调用规则不明确，未落实专人管理，扣5分。②防汛物料储备不满足要求，存放混乱，台账保障率低，扣5分。③抢险设备、器具保障率低，扣5分。④无防汛物资储备分布图或防汛物资抢险调运图，扣5分
	19. 工程抢险	①及时发现险情，并且报告准确。②制订防汛抢险应急预案	制订防汛抢险应急预案；险情发现及时，报告准确；抢险方（预）案落实，措施得当	20	①无防汛抢险应急预案，或预案操作性不强，抢险方（预）案不落实，扣10分。②险情抢护不及时，措施不得当，扣10分

续表

类别	项目	标准化基本要求	评价内容及要求	水利部评价标准	
				标准分	评价指标及赋分
二安全管理（340分）	20.安全生产	①落实安全生产责任制。②开展安全隐患排查治理，建立台账记录。③编制安全生产应急预案并开展演练。④1年内无较大及以上生产安全事故	安全生产责任制落实；定期开展安全隐患排查治理，排查治理记录规范；开展安全生产宣传和培训，安全设施及器具配备齐全并定期检验，安全警示标识、危险源辨识牌设置规范；编制安全生产应急预案并完成报备，开展演练；1年内无较大及以上生产安全事故	50	①1年内发生较大及以上生产安全事故，此项不得分。②安全生产责任不落实，扣10分。③安全生产隐患排查不及时，隐患整改治理不彻底，台账排查记录不规范，扣10分。④安全设施不能正常使用，安全警示标识、危险源辨识牌设置不规范，未报备，扣5分。⑤安全生产应急预案未编制，扣5分。⑥安全生产未按要求开展安全生产宣传、培训和演练，扣5分。⑦3年内发生一般及以上生产安全事故，扣15分
三运行管护（190分）	21.工程巡查	①开展工程巡查工作。②做好检查记录，发现问题及时处理	按照相关规程规定开展经常检查、定期检查和特别检查，检查内容全面，记录详细规范，发现问题处理及时到位	50	①未开展工程巡查，此项不得分。②巡查次数不符合规范，巡查路线、频次和内容不符合规定，扣15分。③巡查记录不准确、不规范，扣15分。④巡查发现问题处理不及时到位，扣20分
	22.工程观测与监测	①对重点河段开展水位等观测。②观测设施完好	按要求对工程及河势水位进行观测；观测资料及时分析，整编成册；观测设施有计划地进行堤防隐患探查和河道防护工程的根石探测；对重点堤段、沉降位移等监测项目按规定开展安全监测，数据完整，记录完整，资料整编分析及时，定期开展设备校验和比测	40	①未开展观测或监测，此项不得分。②观测频次不满足要求，扣5分。③观测资料未分析，或整编资料好率达不到90%，每低5%扣1分，最高扣5分。④观测设施不完好，扣5分。⑤未对堤防进行隐患探测和根石探测，扣5分。⑥观测设施缺石不可靠，缺测严重或根测质量差，扣5分。⑦监测项目、记录等不符合要求，缺测或整编分析质量差，扣5分。⑧未定期开展设备校准和比测，扣5分

续表

类别	项目	标准化基本要求	评价内容及要求	水利部评价标准	
				标准分	评价指标及赋分
三 运行管护（190分）	23. 维修养护	①开展工程维修养护。②有维修养护记录	按照有关规定开展维修养护，制订养护计划，实施过程记录完整；大修项目有设计和审批，按设计和实施过程进行管理和验收，项目资料齐全	50	①未开展维修养护，此项不得分。②维修养护不及时，扣15分。③未制订维修养护计划，实施过程不规范，未按计划完成，扣10分。④维修养护不规范，验收不及时，扣10分。⑤大修项目无设计、无审批，过程管理不明确，扣10分。⑥维修养护记录缺失或混乱，扣5分
	24. 害堤动物防治	①对害堤动物基本情况清楚。②对害堤动物有防治措施	在害堤动物活动区有防治措施，防治效果好；无獾孤、白蚁等洞穴	30	①害堤动物防治措施不落实，或防治效果不好，扣15分。②发现獾孤、白蚁等洞穴不及时处理，每处扣5分，最高扣15分
	25. 河道供排水	河道供排水功能发挥正常	制订河道（网、闸、站）供排水计划，调度合理；防洪、排涝实现联网调度	20	①河道供水计划不落实，调度不合理，扣10分。②供、排水能力未达到设计要求，扣5分。③防洪、排涝调度不合理，未实现联网调度，扣5分
四 管理保障（180分）	26. 管理体制	①管理主体明确，责任落实到人。②岗位设置和人员满足运行管理需要	管理体制顺畅，权责明晰，责任合落实，岗位机制健全，管养合理，人员满足工程管理需要；单位有职工培训计划并按计划落实	35	①管理体制不顺畅，扣10分。②机构不健全，岗位设置与职责不清晰，扣10分。③管养机制不健全，未实现管养分离，扣10分。④未开展业务培训，人员专业技能不足，扣5分
	27. 标准化工作手册	编制标准化管理工作手册，满足运行管理需要	按照有关标准化管理标准及文件要求，编制标准化管理工作手册，细化到管理岗位，针对管理事项，管理程序和管理岗位，针对性和执行性强	20	①未编制标准化管理工作手册，此项不得分。②标准化管理手册编制质量差，不能满足相关标准及文件要求，扣10分。③标准化管理手册及文件不细化，针对性和可操作性不足，扣5分。④未按标准化管理手册执行，扣5分

续表

类别	项目	标准化基本要求	评价内容及要求	水利部评价标准	
				标准分	评价指标及赋分
四 管理保障（180分）	28.规章制度	管理制度满足需要	建立健全并不断完善各项管理制度，内容完整，要求明确	30	①管理制度不健全，扣20分。②管理制度针对性和操作性不强，落实或执行效果差，扣10分
	29.经费保障	①工程运行管理经费和维修养护经费满足工程管护需要。②人员工资额定兑现	管理单位运行管理经费和工程维修养护经费及时足额保障，满足工程管护需要；财务管理规范，来源渠道通畅；人员工资按时足额兑现，福利待遇不低于当地平均水平，按规定落实职工养老、医疗等社会保险	45	①运行管理、维修养护等经费用不能及时足额到位，扣20分。②运行管理、维修养护等经费使用不规范，扣10分。③人员工资不能按时发放，福利待遇低于当地平均水平，扣10分。④未按规定落实职工养老、医疗等社会保险，扣5分
	30.精神文明	①基层党建工作扎实。②领导班子团结，职工爱岗敬业。③单位秩序良好	重视党建工作，注重精神文明和水文化建设，管理单位内部秩序良好，领导班子团结，职工爱岗敬业，文体活动丰富	20	①领导班子成员受到党政纪处分，且在影响期内，此项不得分。②上级主管部门对单位领导班子的年度考核结果不合格，扣10分。③单位秩序一般，精神文明和水文化建设不健全，扣10分
	31.档案管理	①档案有集中存放场所，档案管理人员落实。②档案设施完好。③档案资料规范齐全，存放管理有序	档案管理制度健全，配备档案管理人员；各类档案分类清楚，存放有序，管理规范；档案管理信息化程度高	30	①档案管理制度不健全，管理不规范，设施不足，扣10分。②档案管理人员不明确，扣5分。③档案内容不完整，资料缺失，扣10分。④工程档案信息化程度低，扣5分

续表

类别	项目	标准化基本要求	评价内容及要求	水利部评价标准	
				标准分	评价指标及赋分
五、信息化建设(50分)	32. 信息化平台建设	①应用工程信息化平台。②实现工程信息动态管理	建立工程管理信息化平台,实现工程在线监管;工程信息及时动态更新,与水利部相关平台实现信息融合共享,上下贯通	20	①未应用工程信息化平台,此项不得分。②未建立工程管理信息化平台,扣5分。③未实现在线监管,扣5分。④工程信息不全面、不准确,或未及时更新,扣5分。⑤工程信息未与水利部相关平台信息融合共享,扣5分
	33. 自动化监测预警	①监测监控基本信息录入平台。②监测监控出现异常时及时采取措施	雨水情、安全监测、视频监控等关键信息接入信息化平台,实现动态管理;监测监控数据异常时,能够自动识别险情,及时报警预警	15	①雨水情、安全监测、视频监控等关键信息未接入信息化平台,扣5分。②数据异常时,无法自动识别险情,扣5分。③出现险情,无法及时预警预报,扣5分
	34. 网络安全管理	制定并落实网络平台管理制度	网络平台安全管理制度体系健全;网络安全防护措施完善	15	①网络平台安全管理制度体系不健全,扣5分。②网络安全防护措施存在漏洞,扣10分

注:1. 本标准中"标准化基本要求"为省级制定标准化评价标准的基本要求,"水利部评价标准"为申报水利部标准化评价的标准。

2. 部级标准化评价,根据标准化评价内容及要求采用千分制考核,总分达到920分(含)以上,且工程状况、安全管理、运行管理四个类别评价得分均不低于该类别总分85%的为合格。评价中若出现合理缺项,合理缺项评价得分计算方法为"项目所在类别缺项得分=[项目所在类别标准分-合理缺项标准分]×合理缺项标准分"。

3. 表中扣分值为评分要点的最高扣分值,评分时可依据具体情况在该分值范围内酌情扣分。

附录 B　堤防管理常用表格

表 B-1　堤防工程日巡查记录表

(　　　　　　年　月)堤段名称：

日期	巡查范围	存在的问题	处理意见	巡查人(签字)
1				
2				
3				
4				
⋮				
⋮				

注:日巡查的主要内容包括工程设施、防护林木等总体状况有无明显异常,管理范围内有无违章活动等。

表 B-2　堤防工程月检查记录表

检查单位：　　　　　　　　检查负责人：　　　　　　　参加检查人：
记录人：　　　　　　　　　检查日期：

序号	检查范围	存在问题	处理意见
1	堤顶		
2	堤坡与戗台		
3	护坡		
4	防汛道路		
5	护堤地		
6	穿、跨堤建筑物		
7	穿、跨堤建筑物与堤防接合部		
8	生物防护工程		
9	附属设施		
10	其他		

本次检查发现的主要问题及处理意见：

注：月检查主要检查工程设施、防护林木等完好情况以及管理范围内有无违章等。

表 B-3　堤防工程定期检查记录表

堤段名称：　　　　　　起始桩号：　　　　　　检查日期：
检查单位：　　　　　　检查负责人：　　　　　参加检查人：
记录人：

序号	检查部位		检查内容	存在问题	处理意见
1	堤顶		是否平整		
			有无凹陷、裂缝		
			有无杂物垃圾		
			硬化堤顶是否与垫层脱离		
2	堤坡与戗台		是否平顺		
			有无雨淋沟、滑坡、裂缝、塌坑		
			有无害堤动物洞穴		
			有无杂物垃圾		
			排水沟是否完好		
3	堤脚		有无冲刷、洞穴		
			基础有无淘空		
			有无耕种、取土等		
4	护坡	混凝土护坡	混凝土护坡砌块是否破碎、断裂、架空，垫层是否淘空		
			现浇混凝土护坡有无沉陷、淘空、大面积破碎，面层是否剥落		
			排水孔是否堵塞		
		砌石护坡	有无松动、塌陷、脱落、风化、架空		
			排水孔是否堵塞		
5	穿堤建筑物与堤防接合部		穿堤建筑物与堤防的接合是否紧密		
			有无渗水、裂缝、坍塌现象		
			穿堤建筑物有无损坏		

续表 B-3

序号	检查部位		检查内容	存在问题	处理意见
6	跨堤建筑物与堤防接合部		跨堤建筑物支墩与堤防的接合部是否有不均匀沉陷、裂缝、空隙		
			跨堤建筑物有无损坏		
7	管护设施	观测设施	观测设施能否正常观测		
			观测设施的标志、盖锁、围栅是否完好		
			观测设施周围有无动物巢穴		
		交通设施	防汛道路的路面是否平整		
			上堤道路连接是否平顺		
			安全标志、限行设施等是否完好		
		监控设施	监控设施是否完好,运行正常		
		其他附属设施	里程碑、界桩、警示牌、标志牌等是否完好		
			管理房屋有无损坏		
8	生物防护工程		防浪林、护堤林木有无缺损、人为破坏		
			树木有无病虫害		
			护坡草皮是否有缺损、干枯坏死		
			是否有荆棘、杂草、灌木		
9	其他		防汛备料储备情况		
			违章管理情况		

本次检查发现的主要问题及处理意见:

表 B-4　河道堤防工程巡堤查险记录表

巡查堤段(桩号)：　　　　巡查日期：　　月　　日
天气情况：　　　　　　　巡查时间：　时　分至　时　分

巡查部位		损坏或异常情况具体描述 (具体位置、发生时间、出险情况等)	处理措施
迎水侧堤坡	有无浪坎、 浪窝、塌陷		
堤顶	有无裂缝、塌陷		
背水侧堤坡	有无裂缝、塌陷， 渗水、渗漏		
护堤地	有无渗水、管涌		
穿堤建筑物	与堤防接合部有 无渗水;闸门是 否漏水;上下游 引河岸坡、翼墙 有无塌陷;胸墙 是否渗(漏)水		
往年出险堤段巡查情况			
其他情况			

巡查人员签字：

表 B-5　堤防工程特别检查记录表

堤段名称：　　　　　　　　　　　　　　　　　　　　　　堤防桩号：

检查负责人：　　　　　　　　　　　　　　　　　　　　　记录人：

检查内容	检查结果	备注(具体情况说明)
事后检查：非常运用及发生重大事故后堤防工程附属设施的损坏和防汛物料及设备动用情况		
大潮、热带风暴、台风期前检查：工程标准和坚固程度能否抵御大潮、热带风暴、台风		
大潮、热带风暴、台风期后检查：工程损坏情况及最高潮水位的观测记录		

检查人员(签名)：　　　　　　　　　　　　检查日期：　　年　月　日

表 B-6　堤防工程垂直位移观测成果表

始测日期	年　月　日	上次观测日期	年　月　日	本次观测日期	年　月　日
测点		始测	上次观测	本次观测	间隔位	累计位
部位	编号	高程/m	高程/m	高程/m	移量/mm	移量/mm

表 B-7　堤防工程测压管水位观测记录表

部位：＿＿＿＿　测压管编号：＿＿＿＿　　　管口高程：＿＿＿＿ m　观测方法＿＿＿＿

观测日期			时间		管口至管内水面距离/m			测压管水位/m	上游水位/m	下游水位/m
年	月	日	时	分	一次	二次	平均			

观测：＿＿＿＿　　　记录：＿＿＿＿　　　一校：＿＿＿＿　　　二校：＿＿＿＿

表 B-8 堤防工程测压管水位统计表

观测时间				水位/m		测压管水位/m				
月	日	时	分	上游	下游					

表 B-9 堤防工程水事活动巡查记录表

单位名称： 编号：

巡查日期	
巡查人员签名	
巡查地段	
巡查内容	
存在问题及处理意见	

表 B-10 堤防工程水事活动巡查月报表

巡查人数	巡查次数	巡查重点	违章建筑/m²	违章圈圩/(亩/处)	违章取土	违章占用/m²	违章凿井	违章种植/亩	网、簖	违章坝埂	备注

案件查处/件	案件受理/件		案件类型/件					案件执行情况/件			备注
	现场处理	立案查处	水资源案	河道案	水工程案	水土保持案	其他案	结案数	上月遗留数	当月查案数	

典型情况(具体事由及处理情况)

审核人： 填报人： 填报日期： 年 月 日

表 B-11　堤防工程涉河建设项目管理巡查记录及整改意见表

项目名称			
建设地点			
建设单位		开工时间	
施工单位			
巡查单位		巡查日期	
巡查人员			
巡查情况			
存在问题			
处理意见			
检查单位及参加人员(签名)			
被检查单位及参加人员(签名)			
备注			

填表人：

表 B-12 安全生产全年工作安排一览表

序号	工作内容	时间	说明
1	元旦期间安全生产工作	元旦前后	
2	春节期间安全生产工作	春节前后	
3	汛前安全生产大检查	4月	
4	防汛工作	汛期	
5	五一期间安全生产工作	五一前后	
6	"安全生产月"活动计划(方案)	5月25日前	
7	"安全生产月"活动	6月	
8	"安全生产月"活动总结	6月25日前	
9	十一期间安全生产工作	十一前后	
10	汛后安全生产大检查	10月	
11	冬季安全生产工作	11月至次年2月	
12	年度安全生产工作计划、总结	12月10日前	
13	年度安全资料汇编成册	12月底	
14	安全组织机构人员调整,制度修订	随时	
15	新(转岗)职工岗前安全培训(教育)	随时	
16	施工工地安全生产工作情况 (组织网络、安全措施、检查情况)	随时	
17	安全信息报道	随时	
18	特种设备注册、检测及特种作业 人员持证上岗情况登记	随时	
19	安全月报	每月25日前	
20	安全生产活动	每月1次以上	
21	安全生产检查	每月1次以上	
22	月度安全生产工作计划、总结	每月25日	

表 B-13 安全生产活动记录表

活动主题			
活动时间		活动地点	
参加人员			
主持人		记录人	
活动内容			
活动效果			

表 B-14 ___ 年 ___ 月事故隐患排查治理统计分析表

	序号	隐患名称	检查日期	发现隐患的人员	隐患评估	整改措施	计划完成日期	实际完成日期	整改负责人	复验人	未完成整改原因	采取的监控措施
本月查出隐患												
本月前发现隐患												

本月查出隐患 项,其中本单位自查出 项,隐患自查率 %;本月应整改隐患 项,实际整改合格 项,隐患整改率 %

单位领导(签字): 填表人(签字):

表 B-15　安全事故登记表

事故部位				发生时间		
气象情况				记录人		
伤害人姓名	伤害程度	工种及级别	性别	年龄	备注
事故经过及原因						
经济损失	直接			间接		
处理结果						
预防事故重复发生的措施						

表 B-16　应急预案演练记录

演练内容			
演练时间		演练地点	
负责人		记录人	
参加人员			
演练方案			
演练总结			

表 B-17　档案借阅登记表

序号	日期	单位	案卷或文件题名	利用目的	期限	卷号	借阅人签字	归还日期	备注

表 B-18　档案库房温、湿度记录表

库房号	时间(　年　月　日　时　分)	温度/℃	湿度/%RH	记录人	备注

参考文献

[1] 水利部关于印发《关于推进水利工程标准化管理的指导意见》《水利工程标准化管理评价办法》及其评价标准的通知[Z]. 水运管[2022]130 号. 2022-03-24.

[2] 张肖. 河道堤防管理与维护[M]. 南京:河海大学出版社,2006.

[3] 崔建中. 河道修防工[M]. 郑州:黄河水利出版社,2021.

[4] 中华人民共和国水利部. 堤防工程养护修理规程:SL 595—2013[S]. 北京:中国水利水电出版社,2013.

[5] 中华人民共和国水利部. 土石坝养护修理规程:SL 210—2015[S]. 北京:中国水利水电出版社,2015.

[6] 安徽省市场监督管理局. 堤防工程技术管理规范:DB 34/T 1927—2020[S]. 2020.

[7] 中华人民共和国水利部. 堤防隐患探测规程:SL 436—2008[S]. 北京:中国水利水电出版社,2008.

[8] 中华人民共和国国家质量监督检验检疫总局,中国国家标准化管理委员会. 安全标志及其使用导则:GB 2894—2008[S]. 北京:中国标准出版社,2008.

[9] 国家防汛抗旱总指挥部办公室. 江河防汛抢险实用技术图解[M]. 北京:中国水利水电出版社,2003.

[10] 朱永庚,王立林,董树本,等. 工程精益管理(水管单位精细化管理系列丛书之四)[M]. 天津:天津大学出版社,2009.

[11] 朱永庚,王立林,谷守刚,等. 信息支撑管理(水管单位精细化管理系列丛书之十一)[M]. 天津:天津大学出版社,2009.

[12] 河南黄河河务局. 河南黄河水利工程维修养护实用手册[M]. 郑州:黄河水利出版社,2008.

[13] 江苏省水利厅. 堤防精细化管理[M]. 南京:河海大学出版社,2020.

[14] 张俊华,许雨新,张红武,等. 河道整治及堤防管理[M]. 郑州:黄河水利出版社,1991.

[15] 王运辉. 防汛抢险技术[M]. 武汉:武汉水利电力大学出版社,1999.

[16] 熊治平. 江河防洪概论[M]. 武汉:武汉大学出版社,2005.

[17] 堤防工程险工险段安全运行监督检查规范化指导手册(2022 年版)[Z]. 中华人民共和国水利部. 2022-06-02.